科学新悦读文丛

GEOMETRY IN NATURE
EXPLORING THE MORPHOLOGY OF
THE NATURAL WORLD THROUGH PROJECTIVE GEOMETRY

数学也可以这样学

大自然中的几何学

[澳] 约翰·布莱克伍德（John Blackwood）著

林仓亿 苏惠玉 苏俊鸿 译

张诚 审校

人民邮电出版社

北京

图书在版编目（C I P）数据

数学也可以这样学. 大自然中的几何学 ／（澳）约翰·
布莱克伍德（John Blackwood）著 ；林仓亿，苏惠玉，
苏俊鸿译. -- 北京 ：人民邮电出版社，2020.5
（科学新悦读文丛）
ISBN 978-7-115-52456-0

Ⅰ. ①数… Ⅱ. ①约… ②林… ③苏… ④苏… Ⅲ.
①数学－学习方法 Ⅳ. ①O1

中国版本图书馆CIP数据核字(2019)第240642号

◆ 著　　　　[澳]约翰·布莱克伍德（John Blackwood）
　　译　　　　林仓亿　苏惠玉　苏俊鸿
　　审　　校　张　诚
　　责任编辑　李　宁
　　责任印制　陈　犇
◆ 人民邮电出版社出版发行　　北京市丰台区成寿寺路 11 号
　　邮编　100164　　电子邮件　315@ptpress.com.cn
　　网址　https://www.ptpress.com.cn
　　涿州市般润文化传播有限公司印刷
◆ 开本：690×970　1/16
　　印张：12.5　　　　　　　　2020 年 5 月第 1 版
　　字数：194 千字　　　　　　2025 年 9 月河北第 30 次印刷
　　著作权合同登记号　图字：01-2017-9025 号

定价：59.00 元
读者服务热线：(010)81055410　印装质量热线：(010)81055316
反盗版热线：(010)81055315

内 容 提 要

　　从基本的矿物、植物、动物到螺旋、旋涡、芽苞等具有复杂形状的事物，本书以500多张彩色图片展现了各种事物的几何学特性。作者通过对大自然最简单的观察以及最细腻复杂的测量等手段，意欲告诉我们可以从身边的任何事物中找到几何学的身影；他还利用射影几何学证明了，大自然中所有奇奇怪怪的体态其实都是依据最基本的几何学原理"制造"而成的，而这些原理之间的重要差异则造就了宇宙中如此纷繁多样的形状。

编 者 说 明

本书作者任教于华德福教育体系，这是他针对澳大利亚 12~14 岁的学生所需要掌握的数学知识，为授课老师准备的一些教学素材。本书所采取的呈现形式十分活泼，通过大量彩图和手绘图引导读者观察大自然中的事物，并从中发现几何学的身影。本书内容主要侧重于射影几何学的知识，作者对其讲解深入透彻，个别地方还颇费脑力，建议对射影几何学感兴趣的读者阅读。

华德福的教育方式强调学习与生活经验的联结。对教师和家长而言，点燃孩子的学习热情远胜于掌握某个知识点。对学生而言，概念与实践的结合会带来无限惊喜。数学不只是计算与公式，更是探索、兴趣与应用，它也是一项重要的生活技能。

为了更好地呈现原著的魅力，书中配图都尽量保留了原著的风格，图中的文字没有全部用中文替换，只在必要的地方对图中文字进行了翻译，以辅助理解。

目 录

第1章　导论

1.1　机械中的思维　001

1.2　大自然的形式　004

1.3　自然界中的方向　007

第2章　笛沙格和影子

2.1　笛沙格定理　009

2.2　一系列三角形　011

2.3　变异和特殊情形　013

2.4　轴对称　014

2.5　平移对称　016

2.6　旋转对称　018

2.7　对偶与配极　020

第3章　几何元素和它们的形态

3.1　平面元素　022

3.2　直线元素　024

3.3　点元素　028

3.4　元素之间的相互依赖　029

第4章　大自然中的对称

4.1　植物的轴对称性　032

4.2　矿物的轴对称性　036

4.3 动物和人类的轴对称性 *039*

4.4 大自然中的旋转对称及其形式 *043*

4.5 花形中的旋转 *044*

4.6 旋转对称与轴对称的结合 *047*

4.7 大自然中的平移对称 *048*

4.8 中心、外围与两种度量 *051*

4.9 两种二维性 *052*

第5章 不对称旋转

5.1 不对称的叶子 *055*

5.2 不对称的花 *059*

5.3 浩瀚宇宙 *060*

第6章 直线的方向

6.1 矿物领域 *062*

6.2 植物界 *064*

6.3 动物界 *067*

6.4 直立的地球主人 *069*

6.5 结语 *069*

第7章 直线的测度

7.1 直线上的变换 *071*

7.2 成长测度 *073*

7.3 环绕测度与阶段测度 *076*

7.4 包含一直线的平面 *077*

第8章 自然界中的螺线

8.1 阿基米德螺线 *081*

8.2 等角螺线 *081*

8.3 一般螺线 *083*

8.4 构建等角螺线 *085*

8.5 平面上的大自然螺线 *086*

8.6 一点上的二维性 *091*

8.7 一点上的自然螺线 *094*

第9章 三维的射影几何

9.1 最简单的三维形式 *096*

9.2 空气旋涡与水漩涡 *100*

9.3 全实四面体与正四面体 *105*

9.4 极端退化四面体 *106*

第10章 凸路径曲线

10.1 一般的全实三角形 *108*

10.2 一个顶点在无穷远处的全实三角形 *110*

10.3 半虚三角形或复三角形 *113*

10.4 芽苞 *115*

10.5 蛋形 *119*

10.6 树的边界线 *123*

10.7 海胆 *125*

第11章 凹路径曲线

11.1 草树和棕榈叶 *127*

11.2 凹与凸的相互作用 *131*

第12章 矿物界的形式

12.1 全实四面体的场域 *134*

12.2　无限大的全实四面体　*139*

12.3　晶体结构　*140*

第 13 章　植物界的形式

13.1　半虚四面体　*145*

13.2　λ、ε 和节点律动　*148*

13.3　植物形态　*150*

13.4　形态场　*157*

13.5　芽苞随着时间的变化　*159*

13.6　苏铁叶随着时间的变化　*161*

第 14 章　动物界的形式

14.1　蛋的螺线　*167*

14.2　鱼类　*169*

14.3　鱼类形式的四面体　*171*

14.4　鳞片模式　*175*

14.5　生命的表达　*182*

第 15 章　总结

15.1　人类领域的几何学　*183*

15.2　不同领域的几何学概述　*185*

15.3　智能设计　*185*

致谢　187
参考文献　189

第1章 导 论

本书的写作所依据的前提假设是：如果我们能对事物进行一番思维活动，那么这样的思维活动必定是依据该事物内在的因素进行的。这不是一个新概念。我们要看出这些思维活动到底是什么或许并不容易，但问题未必出在事物或思维本身，也可能出在我们自身的不足。

与某个现象有关的思维活动，可能过了一天、一年，甚至一个世纪，我们都未必会意识到它，可是这并不表示它不存在。有某种重要的东西在引导、构建、设计与支持着我们所见到的事物，无论我们是否承认它。物理学家尤金·保罗·维格纳（1902—1995）和许多人一样，对数学与现实世界之间的奇妙关系感到不可思议。他在 1960 年写了一篇文章，名为《数学在自然科学中不合理的有效性》(*The Unreasonable Effectiveness of Mathematics in the Natural Sciences*)。但是对我来说，如果数学不是有效的，那才是不合理的！鲁道夫·斯坦纳（1861—1925）在《自由的哲学》(*The Philosophy of Freedom*)中表示，唯有当我们真正发觉这样的思维时，我们才会开始寻找真实本身。詹姆斯·克拉克·麦克斯韦（1831—1879）凭借他的数学才能发现了光速不变原理，这种理论预见后来获得了实验验证。然而，伊曼努尔·康德（1724—1804）却认为这种真实（光速不变）永远无法被找到（在大自然中亲眼见到）。

1.1 机械中的思维

对于我们制造出来的机械装置（见图 1-1 和图 1-2），我们了解其所含的思维一点也不困难，因为那是我们一开始制造时就融入进去的，不然它就无法运作。

图 1-1　机械装置（萨曼莎·柯林斯）

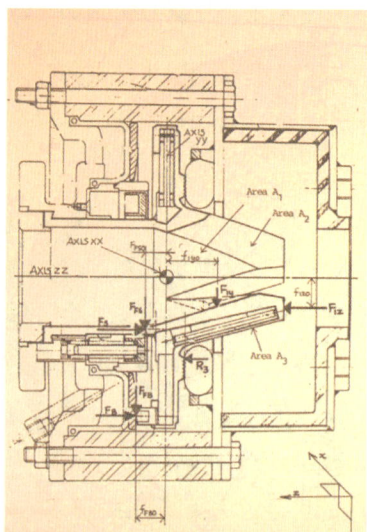

图 1-2　流量控制装置

世界上的其他事物也是这样运作的吗？如果不是，那它们是怎么运作的呢？我们可以通过启迪自己的心智来改变这个世界的面貌，这就证明了我们的内在之物可以在外在世界找到一席之地。

我相信，我们不需要受限于莎士比亚所谓的"苍白的思维"。思维或许会变得黯淡，且持续一段很长的时间，但我们的处境不会永远如此。有时候，一个想法就可以让我们振奋起来——人们甚至会为了一个想法或理想而牺牲自己的生命。

如今还有苍白的思维吗？当然。只要看看某些人对于用"智能"一词指称世界所表现出来的愤怒之情即可，更不用说主张大自然里有难以言喻的智慧了。多么苍白啊！非常不幸的是，"科学"一词（如同许多词汇一样）被独占与钳制了。实际上，"科学"亦指知晓，而非单指物质知识。

我们经常应用的代数与几何知识就属于非物质的知识，但"科学"一词已经被物质的自然科学给绑架了。这种人为的划分，最好的情况是它仅仅是对科学的一种限制，最坏则让科学成为一种没有绝对可信度的意识形态，如同其他信念体系一样。乔斯·韦吕勒在他的生物学研究中煞费苦心地指出，许多标榜为科学的东西，其实不过是一种潜在的有害的意识形态。在谈及许多专家熟知的达尔文学说的固有问题时，韦吕勒说："在我看来，这种系统性漠视正当的反对意见的情况，就等同于集体填鸭。"［韦吕勒，《人类和其他灵长类的发展动力学》（*Developmental Dynamics in Humans and Other Primates*），第 360 页］

本书并不是要讨论认识论的细节，然而在我们能想象到的与能感知到的大自然中的几何学之间似乎存在某种联系，这正是本书试着去探索的领域。这是真正的科学。我的观点是，科学是概念世界与现象世界的交错，这也是我在本书中所采用的认知模型（见图 1-3）。尽管抽象的概念与实际的现象之间存在本质上的差异，但它们必须要被适当权衡，原因很简单：它们是理解事物的两个不同角度。

图 1-3 两个截然不同的世界间的认知交错（莎拉·埃德蒙森）

本书的出发点是几何学——纯概念的范畴。我们会从射影几何学开始，不同于欧几里得几何学的是，它并不依赖于测量。测量和几何形式会在射影几何的简单变换中出现。我们将探究大自然中的事物是否能正确反映出这些几何形式。

几何学的基本元素是点、线和面。

我们在观察世界时，更倾向于将点视为最重要的元素，而线和面则是由一系列点构造出来的。然而，我常常在想，我们能不能不要把这个世界看成只是由点构成的，换句话说，世界不是只由点构成的，而是由"点与线""线与面"这种成对的元素，或"点、线、面"这种三元组的形式构成的。如此一来，我们就不难做到使用这些复合元素及其运动来描述面。例如，图 1-4 展示的"场"就是由"点与线"自身的有序运动建立的，而不是只有点（在第 8 章中有更详细的介绍）。

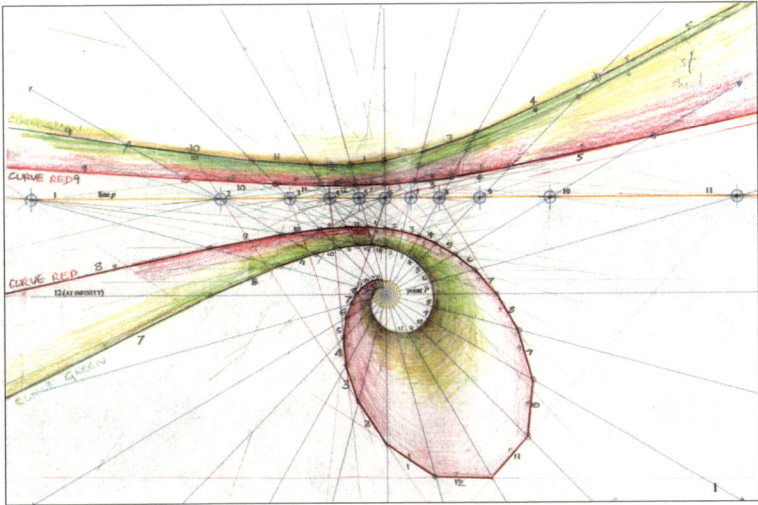

图 1-4 在一个有序场中运动的"点与线"的配对

1.2 大自然的形式

本章接下来的内容是描述一些大自然中存在的形式。尽管对于周遭所存在的许多自然形式我们已十分熟悉，但正因为熟悉，我们也错过了一些重要的东西，对它们仅仅是知道，而非真正的认识和理解。那么，有理解自然形式的方法吗？我们能从看到的各种形式中发现系统性吗？

这里有一些例子可以说明形式的多样性。例如，是什么引导大叶南洋杉（见图1-5）的枝叶生长成那种形式？是什么让棕榈树的枝杈（见图1-6）开展成那样的形式？同样，是什么把袋貂的头部（见图1-7）构造成轴对称的形式？

这种对称性在动物、植物和矿物界无处不在。在人类世界中，我们通常视其为理所当然。白蚁（见图1-8）的身体与大部分昆虫一样，分为腹部、胸部和头部3个部分。那么，这背后是否存在一个基本的模式？这是否体现了生物的原始结构？另外，除了常见的五角星形（见图1-9），海星的

图 1-5　新南威尔士州的两棵大叶南洋杉

图 1-6　棕榈树的分枝形式

图 1-7　袋貂头部所呈现出的轴对称性（左右对称）

图 1-8　暴露在外的白蚁

其他特殊形状是否有什么用意？它的几何形态是什么？海胆（见图 1-10）的几何形态又是什么？这些浑身长满棘刺的海胆真的是球形而不是螺旋形吗？

那叶子呢，叶子（见图 1-11）有什么样的叶脉？它们的各种形式的分叉是否让人联想到混沌理论的概念？这是大自然从根茎走到叶子边缘的足迹？竹节（见图 1-12）的构造是否有什么机制？如果有的话，它会是什么？那班克木（见图 1-13）花柄处出现的叶子呢？这种情况常见吗？它是典型的、可以解释的吗？鸭蛋（见图 1-14）的形式呢？松果（见图 1-15）与苏铁雄花（见图 1-16）上的神秘双螺旋有值得探索的地方吗？这两种截然不同的物体有什么本质上的相似之处吗？

图 1-9　五角星形状的海星

图 1-10　各种各样的海胆

图 1-11　叶脉中的分叉

图 1-12　竹节

图 1-13　环绕班克木花柄生长的叶子

此外，一定有某种规则对应石英（见图 1-17）的晶体形式。从微观角度来看，科学对这些形式做出了非常透彻的解释，然而是否仍有被忽略或未被讨论过的观点呢？例如，石榴石晶体（见图 1-18）是如何形成一个清晰的菱形十二面体结构（即使有一点破损），而不是许多杂乱的小菱形十二面体聚集在一个分子堆中的结构的？是不是由此可以推断，平面与多面体的形成之间存在着比我们知道的还要多的秘密？

还有，在动物的美丽外表、器官的形状、循环系统、多样的细胞、器官的配置之中，是不是有一个能够支配一切的原型，它包含了大自然中的所有形式、物种及其特化过程？这里正好有两个具有代表性的例子：一只漂亮的澳洲国王鹦鹉

图 1-14 鸭蛋（有隐约可见的螺旋）

图 1-15 松果

图 1-16 苏铁开出的雄花

图 1-17 石英晶体

图 1-18 石榴石晶体

（见图 1-19）与悉尼塔朗加西部平原动物园里的一只威风的老虎（见图 1-20）。

图 1-19 澳洲国王鹦鹉

图 1-20 塔朗加西部平原动物园里的老虎

是否存在某种形式，世界上所有动物的形态都由它发展而来，但又趋近于它？

我们敢不敢说这种让动物界的所有物种趋异又趋同的形式就是人类？人类是其他动物想要达到却都失败了的形式？或许这样的想法会招来咒骂，但科学界从未认真考虑过这一问题。

1.3 自然界中的方向

大自然中的每个群体似乎都有着特定的方向，这些方向又在许多重要方面彼此关联。几何学的核心元素之一是线，线与自然界有什么关系呢？

线的几何学特征就是点的成对的联结——无论是静态的还是动态的——而这也充分反映在大自然中。尽管对矿物我所知不多，但可以确定的是，矿石的每根棱柱都有两个端点。

在植物界，这成对的端点是竖直线的两端（冠层和下胚轴）；在动物界，则是一条近似于水平的直线的两端（头部和尾部）。

接下来，我们基于图 1-21、图 1-22 和图 1-23 来探究平移对称、轴对称和旋转对称这 3 种主要对称形式的奥秘。它们是如何分布在自然界之中的？在植物界，平移对称消失了，剩下轴对称（叶子）与旋转对称（茎上的节）；而在动物界，平移对称和旋转对称消失了，只剩下轴对称。

图 1-21 平移对称（保持物体在形状及方向上不发生变化，但往一个特定的方向移动的对称形式）

图 1-22　轴对称（又称镜面对称）（一个物体的两部分或两物体互为镜像的对称形式）

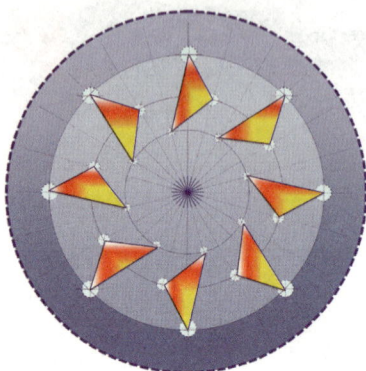

图 1-23　旋转对称（物体在形状上保持一致，绕一个定点旋转一定角度的图形变换形式）

一株植物在大方向上是环绕直立的茎向上生长的；而在动物界，一般来说脊柱是水平方向的，即便是那些看起来脊柱好像是竖直的动物，例如企鹅、袋鼠和大猩猩。我们仔细观察后就会发现，当企鹅游泳、袋鼠跳跃、大猩猩奔跑时，它们的脊柱主要呈水平方向。然而，人类在直立姿态时，脊柱呈现出来的是竖直方向，这再一次显示了人与动物园中的老虎等动物截然不同。

第 2 章　笛沙格和影子

我们在第 1 章中看到，思维会以某种形式存在于机械之中，否则机械就不能运作。然而，我们看到大自然中的"思维"或"逻辑"了吗？比方说，影子是什么？诸如此类事物之形成应该是容易理解的。我们能否从中看出一个思维模式，一个遵循逻辑概念与规则的模式？有没有一种法则可以描述如何绘制一颗野生橄榄种子的影子（见图 2-1）？

图 2-1　野生橄榄种子的影子

虽然可以用直角坐标变换来表示，但如果我们选择一个更为一般的入手点，事情会变得特别有趣。笛沙格定理就颇有帮助，它又被称为射影定理。

2.1 笛沙格定理

这个定理是说，如果两个三角形对应顶点的连线共点，则对应边的交点就会共线。

通过图形来理解这个定理会容易许多（见图 2-2）。我们可以从图中看到 1 个辐射点 S 和 1 条直线 h。通过点 S 的 3 条直线分别通过直线 h 上方三角形的 3 个顶点，此三角形的 3 条边所在的直线和直线 h 会有 3 个交点。在通过点 S 的直线上任找 1 个点（位于 h 下方），就不难看出如何将直线 h 下方的三角形画出来。这是个很

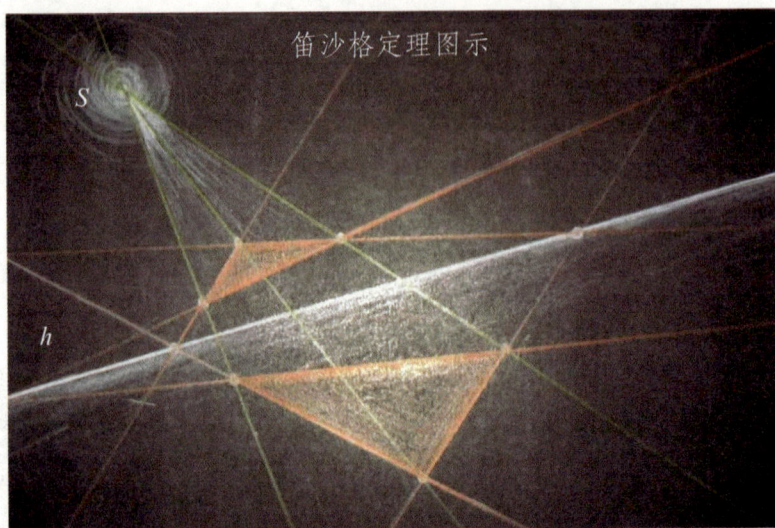

图 2-2　笛沙格定理（哈利·凯特恩斯）

好的练习，可以考查我们绘图的精确度。动手试试看，你就知道为什么了！

这样的作图直接、简单。我们可以从通过最高点（可视为太阳，所以用 S 代称）的 3 条直线间的任一个三角形开始，而从左下方往右上方倾斜的白色直线 h 代表地平线，h 下方的三角形则表示地平线上方三角形的影子。

图 2-3 是此定理的另一种表现形式，它与前一种形式的不同之处在于，最初的三角形围绕着给定的点 S。这张图呈现的不仅仅是两个三角形，而是由 S 和 h 构成的一系列远离点 S 且很快变得有点奇怪的三角形，不过它们仍然是射影三角形。较大的三角形出现在地平线上、下两个部分，但从投影的角度来看，实际上这是同一个三角形一直延伸穿越至无限所形成的三角形形态。

接下来的实验可以帮助我们进一步理解笛沙格定理是怎么一回事。我们需要 1 个光源、1 个物体及其影子，1 个代表地平线的桌面来呈现投影（见图 2-4），而光线则来自 1 只灯泡（可以近似为一点）。将玻璃四面体举高，它的影子会投射在水平桌面上。我们可以把代表光行走路径的射线画出来，玻璃四面体产生的影子的形状与大小会随着玻璃四面体的移动而改变。

这个例子表明，在投影现象的背后有一个明确的法则，它适用于地球上所有地方的影子。这个例子看似普通，但实际上它一点也不普通，它具有预测和描述自然现象的作用，即便它很简单。

图 2-3　笛沙格定理的另一种形式

图 2-4　四面体的影子

2.2 一系列三角形

根据笛沙格定理可以画出一系列三角形。在图 2-5 中，我们从过点 S 的 3 条直线及另一条直线 h 开始。在点 S 和直线 h 之间的 3 条直线上画一个三角形，在该三角形的旁边再画一个三角形，且使得该三角形三边的延长线和第一个三角形三边的延长线的交点在直线 h 上。继续画更多像这样相邻的三角形。有些三角形向点 S 靠近，就好像要无限趋近于点 S 一样；另一些三角形向直线 h 靠近，就好像要融入直线 h 之中。图 2-5 中的三角形有两个相反的趋势，即分别往直线 h 之

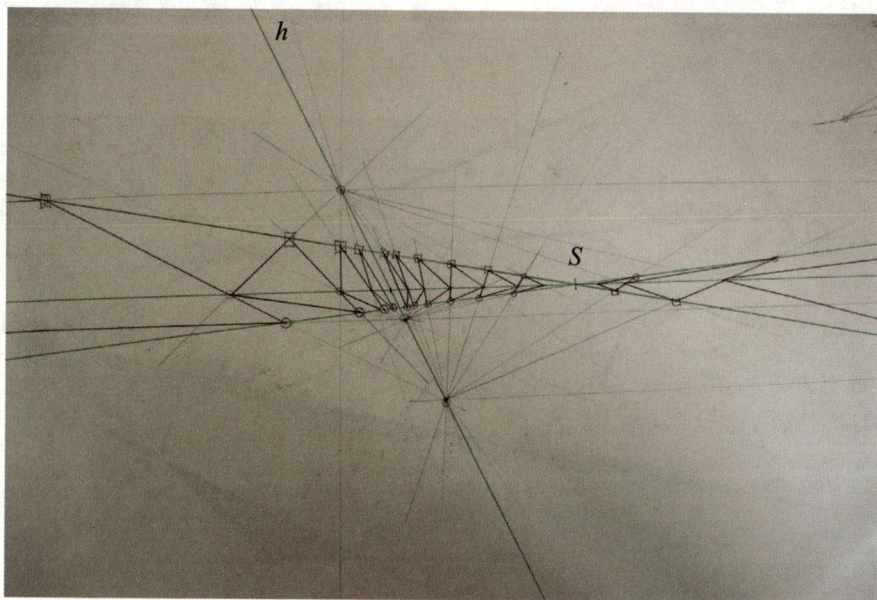

图 2-5　平移三角形族

外（左侧）与点 S 之外（右侧）延伸。

通过这种作图方法，我们还可以做出一系列立体三角形或三棱柱（见图 2-6）。

必须指出的是，这些三棱柱长得都不一样——大小不一样、角不一样、方向不一样——但它们显然都是同一族的。我的一位同事看到这幅素描后说："它看起来像是脊椎骨！"从那时候开始，我就这么称呼它了。

这样的说法或许点出了什么。图 2-7 中的每个柱体相较图 2-6 都有些许质的改变，根本原因就在于在描绘时我们侧重的是哪个定点或者哪条定线。

让我们挑选一种动物的骨骼，观察它各块脊椎骨的异同之处。

收藏在苏格兰贝尔佩蒂格鲁博物馆中的鼠海豚骨骼标本（见图 2-8），每块脊椎骨的差异似乎不大。它们属于同一种变化形式吗？根据笛沙格的三角形系列，或许苏格兰知名生物学家达西 – 温特沃斯·汤普森（1860—1948）爵士的不变性观点需要被重新检视了。

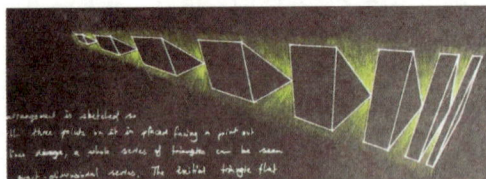

图 2-6 "脊椎骨"画（马可，11 岁学生）

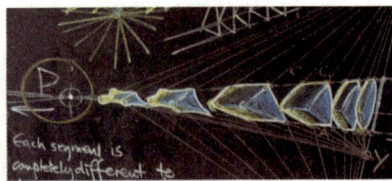

图 2-7 "脊椎骨"画：三棱柱的变化

图 2-8 鼠海豚骨骼标本（苏格兰贝尔佩蒂格鲁博物馆）

脊椎骨显然不是几何学中的三角形，但它们都只是一种形式而已，任何形式都可以变换，即使像脊椎骨这样有点复杂的形式。这种变换中存在某种规则吗？有某种领域可以纳入不同的形式吗？是什么将全部这些形式整合成一体的？在三角形的变换中我们可以清楚地看到这样的整合，但是脊椎骨呢？我们要完全理解它还有很长的一段路要走，但是变化的三角形让我联想到脊椎骨中可能存在某种规则。

2.3 变异和特殊情形

令人讶异的是，在笛沙格定理作图法中，利用一组直线竟然可以获得 10 种不同的三角形组合，伦威克·希恩在《几何学与想象》（*Geometry and the Imagination*）中对此有详细的描述，我在图 2-9 至图 2-12 中展示了其中 4 种，感兴趣的读者可以自己找一找另外 6 种。

这种对影子和投影非常重要的作图方法，还有其他的意义。图 2-2 中所标定的点与线的位置可以有很多种配置方式。如果一开始给定的点与直线在特定的位置，那么对应的三角形就会变得十分特别。而在我们看来，大自然感兴趣并以其美妙方式呈现的就是这些特殊的例子。从某种意义上来说，笛沙格定理就是把一般情况过度简化后的结果，任何轮廓或二维形式都可以被变换。在图 2-13 中，通过多个三角形（这里只显示了一个）就可以画出圆的影子，而圆的影子变换成了椭圆，这和图 2-1 中橄榄种子的影子类似。

图 2-9　依据笛沙格定理绘制的三角形组合 1

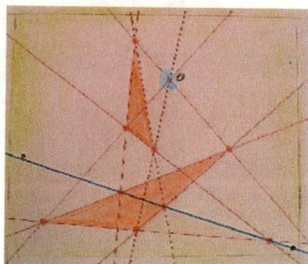

图 2-10　依据笛沙格定理绘制的三角形组合 2

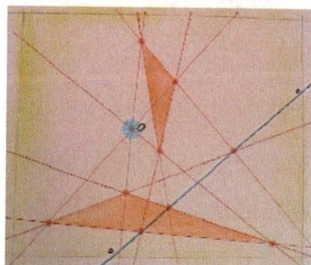

图 2-11　依据笛沙格定理绘制的三角形组合 3

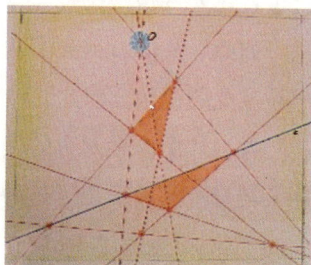

图 2-12　依据笛沙格定理绘制的三角形组合 4

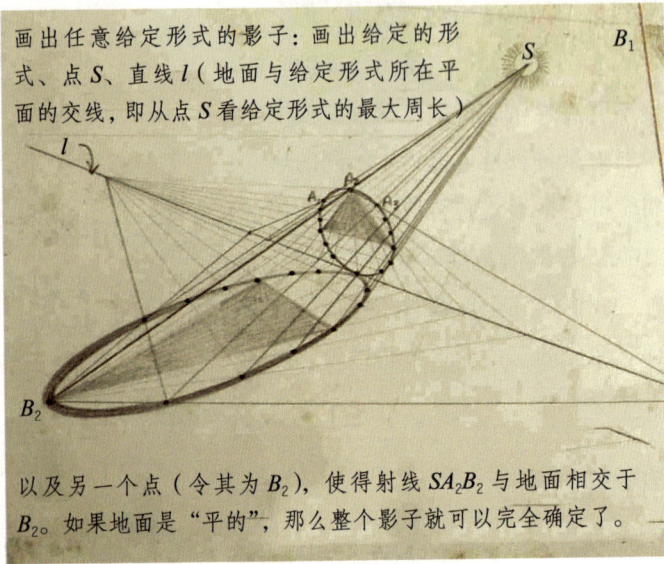

画出任意给定形式的影子：画出给定的形
式、点 S、直线 l（地面与给定形式所在平
面的交线，即从点 S 看给定形式的最大周长）

以及另一个点（令其为 B_2），使得射线 SA_2B_2 与地面相交于
B_2。如果地面是"平的"，那么整个影子就可以完全确定了。

图 2-13　一般形式的影子

2.4 轴对称

前文已经介绍了在平面上任给一点和一直线作图的情况，但若把它们放在几
个特别的位置，情况会如何？如果我们把直线 h 留在地面上（也可以说是留在纸
上），把点 S 放得很远很远（事实上是放到无穷远处），那么通过点 S 的 3 条直线
看起来就像是平行的（两个三角形三边延长线的交点仍然在直线 h 上）。图 2-14
描绘了三角形轴对称的 3 种情况。

第一种，将点 S 放在无穷远处，3 条直线相互平行；第二种，让 3 条直线垂
直于直线 h；最后一种，让两个三角形对应的顶点到直线 h 的距离相等。

如此，我们就得到了两个轴对称（或称为镜面对称）图形，也就是两个三角
形是彼此的镜像。因此，轴对称是用笛沙格定理作图的一个特例。

大自然中有轴对称的例子吗？有的。晶体的晶面、植物的叶子、兰花、动物
及人类身上都显示出了这种对称性。由上往下看，典型的叶子基本上轴对称于中
央的主叶脉（见图 2-15）。兰花鲜明地展现了这种对称性，其对称轴几乎是竖直的，
例如蝴蝶兰（见图 2-16）。从正面看，动物也显露出这种对称性，其对称轴也几
乎是竖直的（见图 2-17）。人类身上也存在这种对称形式。

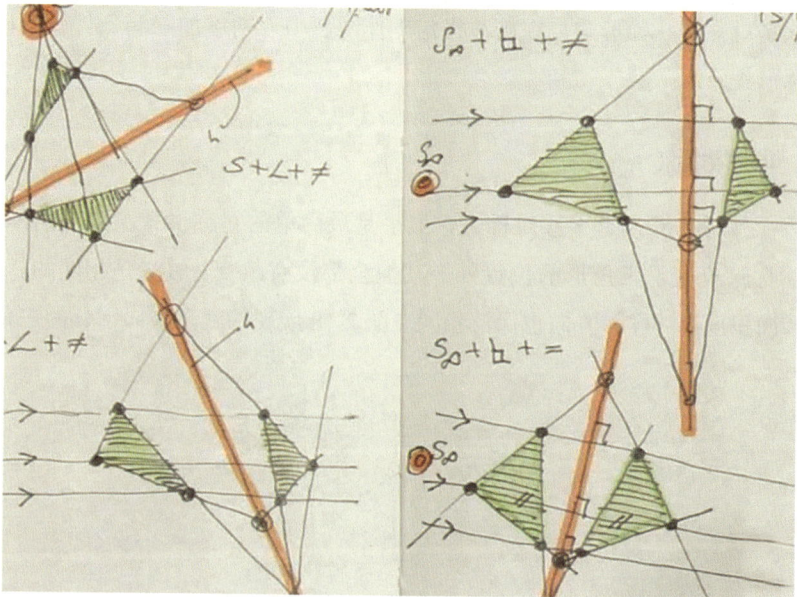

图 2-14　左上角：一般形式的笛沙格定理；左下角：点 S 移至无穷远处；右上角：点 S 在无穷远处，直线 h 垂直于 3 条平行直线；右下角：点 S 在无穷远处，直线 h 垂直于 3 条平行直线，且两个三角形对应的顶点到直线 h 的距离相等

图 2-15　各种叶子中的轴对称形式

图 2-16　蝴蝶兰

图 2-17　袋鼠

这是对称的一种形式，在笛沙格定理作图法中逐渐增加限制条件就会出现这种对称形式。

2.5 平移对称

另一种对称形式是平移对称，它似乎是最简单的对称形式。以三角形为例，平移对称除改变了三角形的位置外，其他全都没有改变：形状是相同的，角度、边长和面积也都一样，方向也保持相同。图 2-18 展现的就是横向平移的三角形。

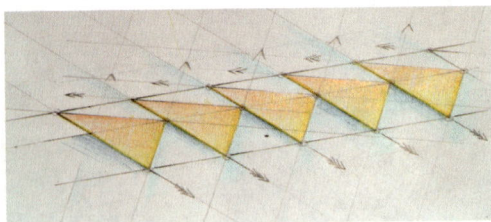

图 2-18　平移对称

为了达成平移对称这个目标，我们在利用笛沙格定理作图时必须特别做些什么呢（见图 2-19）？再一次，我们将点 S 放在无穷远处，通过它的 3 条直线也依旧是平行的，只是这一次三角形都要位于点 S 和直线 h 之间。令过点 S 的 3 条直

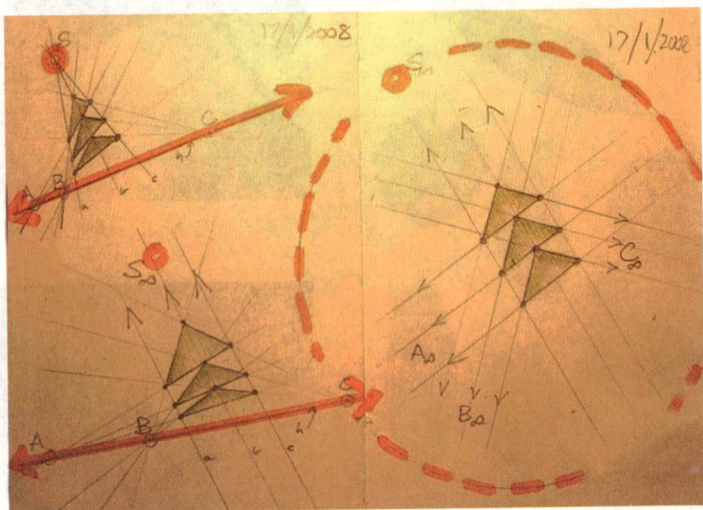

图 2-19　左上角：一开始各图形元素的位置；左下角：点 S 在无穷远处；
右边：点 S 和直线 h 都在无穷远处

线分别为 a、b、c，直线 h 上的 3 个点分别为 A、B、C。接下来的步骤是最关键也是最有趣的，我们把直线 h 移到无穷远处（我在这里用一个大的虚线圆来表示，但这么做是否合适或许有待商榷）。若点 S 在无穷远处，那么它一定在直线 h 上，而点 A、B、C 也一定在该无穷远的直线 h 上。那么三角形会发生什么变化呢？它们会变成全等三角形——对应边和对应角都相等，只有位置不同。

　　这种对称形式是物体在平面上重复（也可以说是复制）自身而形成的。在大自然中哪里可以见到这种对称形式呢？在微观层面，这种对称形式大抵表现为以基本原子为单位的重复；在更高一点的层面上，应该就是晶体结构。有些晶体呈现出这种重复结构，因为它们的样子看起来就像是矩形，甚至是正方形的连续重复。这种结构存在于图 2-20 所示的这一大块方铅矿中：清晰的线条纹路和明显可见的正方形或矩形，角度呈 45°。我们清楚地看见，图 2-21 中用红色虚线标示出一个正方形，构成 45° 角的线则以绿色虚线表示，它们交错于互相垂直的裂痕上。在图 2-22 中，我们用"小球"来表示硫化铅晶体的分子结构；很明显，硫化铅晶体的任何表面看起来都像是由正方形拼凑而成的。

图 2-20　方铅矿

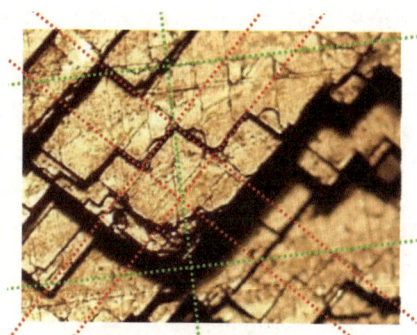

图 2-21　方铅矿特写

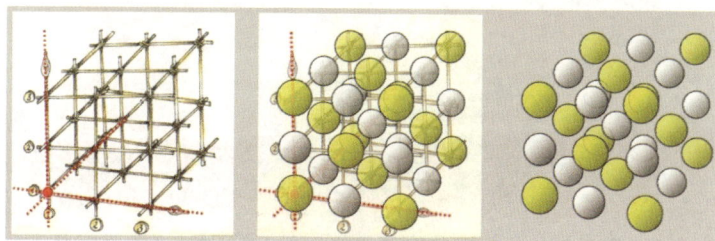

图 2-22　硫化铅晶体模型

硫化铅晶体的这种棋盘式镶嵌的结构形式在更大型的物体上也存在。我在澳大利亚东海岸看到的岩石，表面是相对规则的宏观构造，上面有被侵蚀而成的裂缝，像极了大型的铺路石。我们可以说它们就像是由六边形石柱组成的北爱尔兰巨人堤道一样，那么它们也是由小单元平移而成的吗？

大自然以这些重复的形式来造物，我们亦然。想想层层堆砌的砖头，我们总是在建筑中利用这种对称性，无论建筑是大还是小，例如建筑师严谨地利用这种简单的重复手段所设计出来的摩天大楼。

2.6 旋转对称

我们还要考虑另一种很重要的对称形式。现在，我们把点 S 放在中央，直线 h 留在点 S 附近，让 3 条直线 a、b、c 与 3 个交点 A、B、C 运动。这是什么意思呢？意思是让 3 条直线围绕着点 S 旋转，而对应的交点 A、B、C 则在直线 h 上移动。

在图 2-23 中，左上角表示的是用笛沙格定理作图的一般情况；左下角则是当 3 条直线旋转且 3 个交点 A、B、C 移动时，三角形的运动情况。我们发现，三角形围绕点 S 移动，并逐渐变大再变小，同时不断地改变运动方向与形状。它们的旋转轨道是椭圆的，三角形的任一个顶点都是在以点 S 为焦点之一的椭圆上移动（所以三角形 3 个顶点的运行轨迹是 3 个套在一起的椭圆）。接下来的一步（见图 2-23 的

图 2-23 左上角：利用笛沙格定理作图的一般情形；左下角：3 条直线与 3 个点不断改变位置；右边：直线 h 移至无穷远处

右边）是关键。我们把直线 *h* 移到无穷远处（再次以大的虚线圆来表示这条特殊的线），并让点 *S* 在中央。3 条直线依旧围绕着点 *S* 旋转，但 3 个交点 *A*、*B*、*C* 则是在无穷远处的直线上移动。令人惊讶的是，我们通过这种方法得到了一个熟悉的旋转图形。于是，我们从最初的情况中推导出了一种简单且精确的旋转结构：三角形全都变得一模一样，并以点 *S* 为中心旋转。

在大自然中哪里可以找到这种呈圆形的旋转形式呢？答案是随处可见，例如图 2-24 中的花朵。在这张图中，花瓣取代了三角形的角色。但是，这些花瓣是完全相同的吗？这是一个可以继续探究的问题，只是花瓣的形状究竟要精确到什么地步才能说是完全相同的呢？我们要画这样一个图形，把直线 *h* 移到无穷远处只是一种假设（见图 2-25），基本的要求是这个图形需要一个中心点，也需要一条外围的"直线"，即便我们无法真的画出它、看到它或得到它。

图 2-24　花朵的旋转对称形式

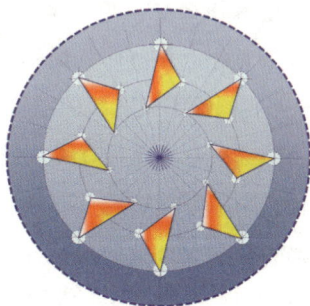

图 2-25　旋转对称

图 2-26 描绘的是图 2-23 中的椭圆形旋转轨道。显然，图中的三角形都属于同一个三角形族。虽然每个三角形之间在各个方面都不同，但它们仍是同一族的。如果某个三角形画得不正确，我们就会觉得它很突兀，因为我们心中仿佛有一只"和谐之眼"，可以一眼看出不和谐的地方。这些三角形如何呈现取决于它们与点 *S* 以及直线 *h* 的相对位置，而在我们所描绘的图中，直线 *h* 实际上是在页面之外的。

我曾经很好奇，在大自然中有什么东西是类似

图 2-26　椭圆形旋转轨道

这种对称形式的。后来，我在澳大利亚北海岸的一个饭店的休闲区偶然发现了一种具有这种对称性的植物。在图2-27中，10片披针形的叶子围绕着它们的中心，每一片叶子都有很明显的轴对称性，而且这些叶子的尖端呈椭圆形的、不对称的旋转形式。虽然这在植物界中并不常见，但确实存在。

此处我们可以问一个有趣的问题：如果中心点 S 在这轮扇形叶子中显而易见，那么那条直线 h 在哪里呢？如果真的存在 h，它有什么意义呢？答案是：这轮扇形叶子实际上是整体几何结构的

图 2-27　叶片中的不对称旋转

一部分，即便我们给不出直接的解释。为什么要认为"中心"比"外围"重要呢？从几何学的角度来看，那条直线（或者说外围）是不可忽视的，它如同中心一样，都是完美构造中不可或缺的一部分。

我相当诧异，原来这些对称性都来自于一个基本的设计，而且在大自然中这些对称性都有一些典型代表。据我所知，只有在影子中才会出现共通的情形。因此，射影定理是笛沙格定理的另一个合适的名称。

2.7　对偶与配极

在结束这一章之前，让我们稍稍论及几何学的另一个内容，它将对后面章节的学习有所帮助。射影几何中的一个基本知识点就是一系列的对应关系，例如：相异两点决定一条直线，相异两平面决定一条直线，一条直线和不在直线上的一点决定一个平面，一个平面和不在平面上的一条直线决定一个点。

在以上的叙述中，在直线保持不变的情况下，点和平面的位置是可以互换的；也就是说，点和直线在平面上会成立的情况，平面和直线也会在点上成立。这就是所谓的对偶原理和配极原理：其中一个性质被称为另一个性质的对偶或配极。

假如我们把自己局限在平面上而不是空间中，那么讨论的基本对象就只有点

和直线，我们可以把这两个基本元素当作平面上的对偶来互换。比方说，3 个点决定 1 个三角形，用对偶原理进行互换就是 3 条直线决定 1 个三角形。

更难想象（主要是因为我们在日常生活中对对偶原理并不熟悉）的是，把我们自己局限在一个点上，考虑通过它的所有直线和平面，这是点的几何学。我们可以说：任意两条直线决定一个平面，任意两个平面决定一条直线。我们同样可以将平面和直线互换，这样就把点的几何学对偶化了。

到目前为止，我们都是在平面上考虑这些形式，而我们可以在平面上做的每件事也都可以在一个点上做。看图 2-28 应该就清楚了，我们可以把图中平面上的椭圆和点上的椭圆锥想象成是紧密相连的。在平面上，我们用点和直线来作图；在点上，如果可以的话，我们只用直线和平面来作图。虽然这很难想象，但在作图时就可以理解它。

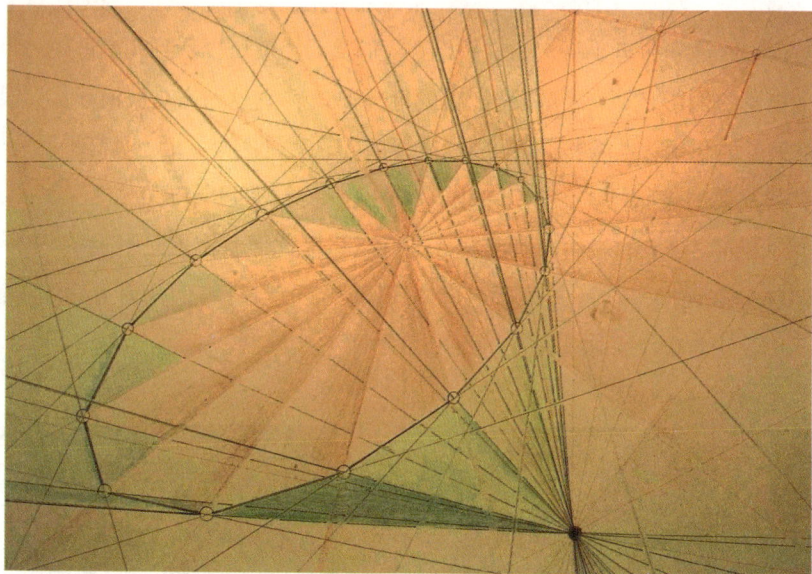

图 2-28　我们可以想象平面上的椭圆（连接点的黑线围成的图形）
或者点上的椭圆锥（绿色平面）

第3章 几何元素和它们的形态

我们看待世界的方式不应该只是片段式的（从点上看），也要从线和面（全局）来整体把握：这正是我所要追求的思维方式。

3.1 平面元素

我记得几年前自己曾经从挪威横渡北海回到英格兰。当时除了渡轮的尾流外，海面平静无波，像是一个蓄水池。这片如镜之海显然是不寻常的，因为往日活跃波动的表面如今诡异得近乎平坦。它平坦到我们从船上就可以看到几米远处一只海鸥划水的倒影。倒影必须有平的反射表面才能形成，而在这通常是波浪起伏、浪花飞溅的海面，如今竟然也能够看见倒影，毫无疑问它就是一个平面，具有平面的性质。

矿物晶体的表面往往也十分平坦，如黄铁矿（见图3-1），或正长石（见图3-2）、烟水晶（见图3-3）的表面，虽然看上去有点粗糙，但基本上是平坦的。很明显，这些晶体的表面由平滑的晶面所组成，我们甚至可以将它们视为天然的小镜子。这里我们再次看到了无限平面的一部分（晶面）。

图 3-1　黄铁矿晶体

图 3-2　正长石（澳大利亚博物馆，
阿尔伯特·查普曼的藏品）

回到几何学，我们如何画一个平面呢？纯粹的几何平面是没办法用图示来表现的，我们只好画成薄片，也就是从整体中截取出由许多小片叠成的薄片。平面可以有密度吗？平面是由什么构成的？其实我们可以将平面视为是由不同的元素组成的，这样的元素有两个——直线和点，它们和平面一样也是无实体的！每一个点中都有无限多条直线，每一条直线中都有无限多个点。

这是否意味着每一个晶面都包含这样的无限呢？确实如此。然而，这样的晶面也受限于直线和点（或分别称为棱和顶点），因为它们确定了晶面的交界线和棱角。看看石英晶体（见图 3-4）的一个晶面，它可以被视为是由几个点和同样数量的隐含直线所界定的。

图 3-3　烟水晶

图 3-4　石英晶面

最少要几个点才可以确定一个平面？答案是 3 个。那最少要几条直线才可以确定一个平面？答案是两条相交或平行的直线（相交或平行很重要，若两条直线既不相交也不平行，就不能确定一个平面）。另外，一条直线和一个点（不在该直线上）也可以确定一个平面。

几何学或几何概念上的平面是无限延伸的理想平面，而我们在周围世界里所看到的平面是有限的（且不完美的），但它们之间一定有一种相同的属性。晶体的平坦表面仿佛就是个无限的、理想的平面，把众多像点一样的分子以最奇妙的顺序排列起来。

也许这个无形且无限的平面决定了晶体表面的宏观形式，就像黄铁矿晶体表面的条纹（见图 3-5），或像是萤石的八面体解理（见图 3-6，解理指矿物晶体受力后沿一定方向裂开成光滑平面的性质）。我们可以通过一定的切割工艺来得到晶体的截面（见图 3-7）。

我们能否把这样的表面既视作矿物的小平面，同时也视为无限且无形的完整平面呢？难道它们不是事物的一体两面吗？

无形的表面无所不在。云层（见图 3-8）往往飘浮在一个特定的高度（这是由压力或温度梯度造成的），而我们所看见的云层是一种平面形式，一种承载水蒸气的平面。

图 3-5　黄铁矿表面的条纹

图 3-6　萤石解理

图 3-7　由立方体组成的八面体

图 3-8　云层

3.2 直线元素

直线位居点、线和面 3 个元素的中间，这表示它在某种程度上比另外两个元素更重要吗？我们知道，直线具有积聚性与外延性。正对着线看过去，我们看到的只是一个点，即它的切口；而从别处看，我们看到的是一个无限延伸的实体。

因此，它可以被视为介于平面与点之间的元素。

　　哪里可以看到类似直线的东西呢？我们永远无法宣称自己看到了整条直线，最多只能说我们看到的是线段或直线的一部分。大自然向我们展示了线段的多样性：青草、竹子（见图 3-9）、合欢树的纤细花丝、海胆的刺。在这一切之中，我们真正看到的只是直线的一小部分，因为直线是无限长的。

图 3-9　观赏竹

　　我们通常所说的直线常常只是两个不同颜色表面的交会处，以图 3-10 所示的新南威尔士州的乡村景色为例：太阳的明亮光线与灰蒙蒙的云层之间，屋顶和屋后的树叶与天空之间，屋后的树干与天空之间，低矮云层的表面与背景的颜色之间，路上的标线与柏油路面之间。直线元素交织于自然景物和人造物之间，呈现在我们眼前。

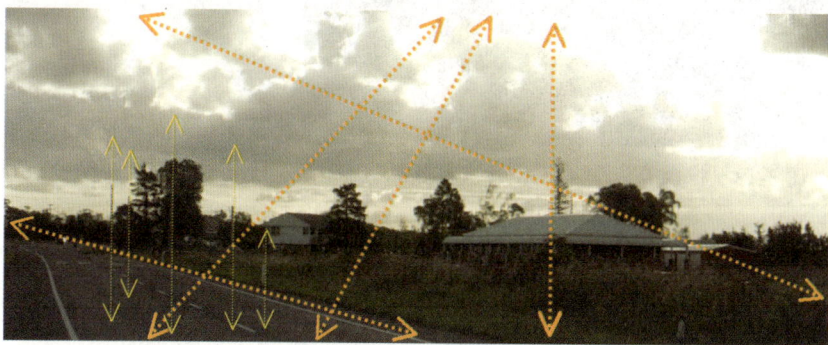

图 3-10　乡村景色中的直线

　　我们周围的直线在哪里呢？在现实世界中，显然有许多呈现直线的场合。在两个不同颜色表面的交会处，直线就会出现；它甚至会出现在岩石中密度不同的交界面之间，如图 3-11 所示；它也会出现在植物的茎和动物的表皮中：从百子莲到小草，从松树到百合，从荆棘（见图 3-12）到海胆（如图 3-13 中的梅氏长海胆）的棘刺。

　　在某些地方，如城市中高耸的大楼（见图 3-14），如果没有无形的、连续的直线，我们就很难归纳出透视的概念。

　　在许多城市景观或景色中都可以看到直线，更确切地说是线段。

图 3-11　岩石中的交界线

图 3-12　荆棘

图 3-13　梅氏长海胆（阿什利·米斯凯利）

图 3-14　消失的线：高耸的城市景观中运用的透视手法

有两种截然不同的方法可以用来定义一条直线。空间中任意两个不重合的点都可以定义一条直线——通过它们且延伸出去的直线（见图 3-15，点 P_1 和 P_2 定义直线 l_{12}）。另外，任意两个平面也可以定义一条直线（见图 3-16，平面 π_1 和 π_2 定义直线 l_{12}）。请注意，如果两个平面是平行的，那么它们会在无穷远处交于一

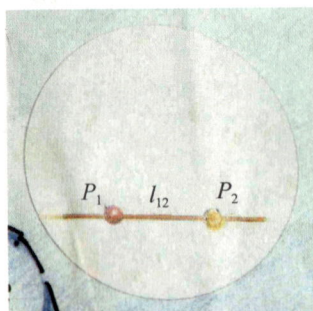

图 3-15　两个点定义的直线

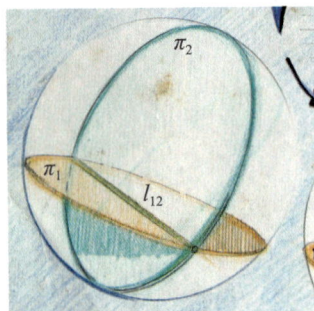

图 3-16　两个平面定义的直线

条直线。我们可以在任何一个房间里找到两个平面相交的例证，比如两面墙的交线从地板延伸到屋顶。

我们要记住的是，这些貌似抽象的直线其实包含了无限多个点，甚至可以说，一条直线包含沿着它平放的所有点。虽然自然界无法完整呈现这些，但它们就在那里，值得我们去发掘。

最近我在昆士兰看到许多竹子，它们看起来就像是由一连串的点在直线般的茎上排列而成的（见图 3-17）。

我们也可以说直线包含无限多个平面。平面绕直线旋转，而点沿着直线移动。图 3-18 简略地说明了什么是在直线上的平面。在大自然中的哪里可以找到在直线上的平面呢？我想到两个例子：一个是晶体内相邻的两个晶面交于一条棱边；另一个则是小松树（见图 3-19 与图 3-20），它的每一片叶子几乎都是平坦且竖直的。

图 3-17　竹子与节点

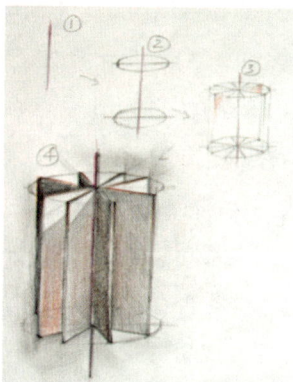

图 3-18　共线的矩形平面

图 3-19　小松树

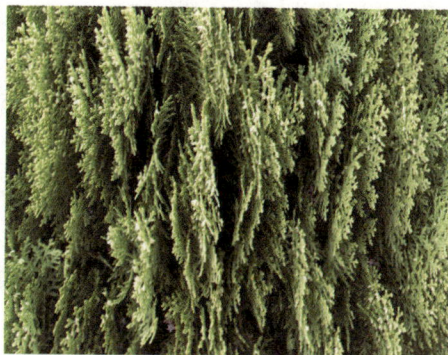

图 3-20　小松树叶子的特写

平面的旋转与点的平移这两方面需要同时考虑。在后面的章节中我们会再探讨"沿着直线的节点"与"围绕着直线的平面"这两者相结合的作用（见第 13 章），因为它在植物世界中非常普遍。

3.3 点元素

点是我们最喜欢的元素，我们认为可以用它来解释几乎所有的东西，像细胞、分子、原子，甚至是次原子粒子这些微小之物。

点没有大小，所以"比点大多少"这样的问题是没有意义的。

但是，我们可以把点视作内聚而非延伸的，这一特点从能想象得到的最小粒子到最大的恒星都具有，因为最大的恒星在浩瀚的宇宙中其实是微不足道的。

正如 1 个平面可以简单地用 3 个点来确定，反过来 1 个点也可以由 3 个平面确定。在图 3-21 中，3 个平面 π_1、π_2 和 π_3 两两交于一线（l_{12}、l_{13} 和 l_{23}），而 3 条直线交于 1 个点 P。

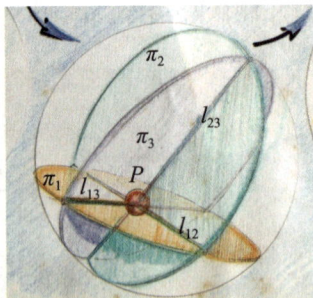

图 3-21　3 个平面确定 1 个点

这两种确定方法互为配极。如果我们不侧重点或直线，这种配极是有意义的。尽管这两个元素本质上完全不同，但是它们之间的关系我们再清楚不过。这是否意味着我们对大自然中的点元素的研究非常成功，我们可以用平面的方法来加以补充？

我们可参照的例子是晶体的 3 个晶面，相邻的两面交于 1 条棱边，3 条棱边重合于 1 个点，这个点也称为顶点，图 3-22 中圈出来的就是这种顶点。

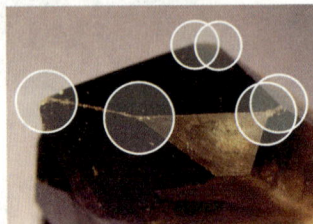

图 3-22　晶体中在 3 个晶面的交会处形成顶点（点）

在植物世界，种子就有抽象的点的属性。有时候我们会用种子来表示事物的起点。以红火球帝王花的种子（见图 3-23）为例，它只比火柴棒的头大一些。它可以长大并开出花朵，它的花（见图 3-24）是新南威尔士州最大的花朵之一，该花被作为新南威尔士州的州花。相较于它开出的花，我们仍然可以把它的种子视为 1 个点。

图 3-23　红火球帝王花的种子

图 3-24　红火球帝王花

抽象的点所包含的内容远远超过我们的想象。虽然只需要两条线就足以确定它，但每一个点上包含无限多条通过它的直线，也包含无限多个通过它的平面。或许种子所包含的也远远超乎我们的想象。

3.4 元素之间的相互依赖

我们无法只考虑这 3 个元素中的一个，因为每一个都必然包含其他两个。在任一种晶体形式中，这都是不证自明的，因为对于每一个角或顶点至少都有 3 条线通过它，而对于每一条线至少都有两个平面在此相交。柏拉图立体就是一个典型的例子——对于图 3-25 中的正十二面体，五边形的面相接而成的 3 条线交于一点，这样的点共有 20 个。与此相对的是，3 个顶点决定一个三角形面的 3 条边，在这种情况下，该三角形面就是正二十面体的其中一个面（见图 3-26）。

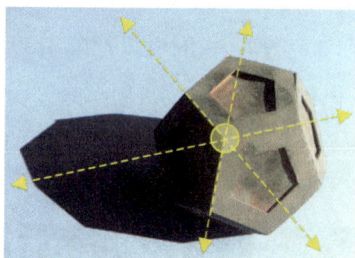

图 3-25　正十二面体的棱角

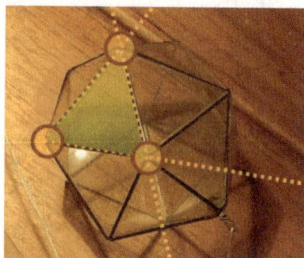

图 3-26　正二十面体的面（克里斯特尔·波斯特）

这 3 个元素总是交织在一起出现，对大多数人来说这是显而易见的。到目前为止所提及的任何静态形式，我们都可以用这 3 个基本元素中的一个或多个来表示。比方说，我们可以用 3 种方式来勾勒四面体：图 3-27 分别以球（即点，左上角）、棍子（即线，右上角）和平面（即面，下方）来呈现四面体（最后一种是最常用的方式，因为它适合用纸板来做模型）。

图 3-28 总结了我们讨论过的元素间的相互关系。其中左下角和右上角图形确定的是直线，左上角图形和中上部图形确定的是平面（用直线和点来确定平面），中下部图形与右下角图形确定的是点（用平面和直线来确定点）。

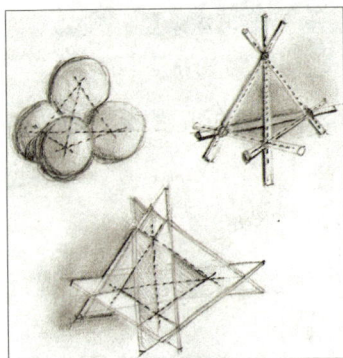

图 3-27　以点、线和面勾勒四面体

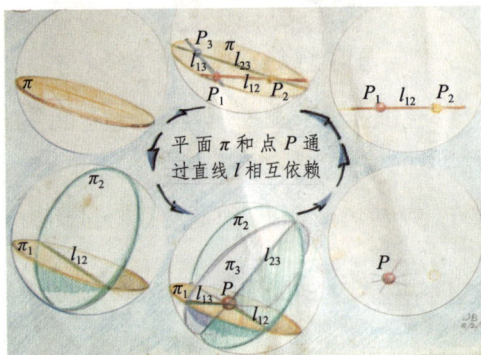

图 3-28　点、线和面的相互关系

在大自然中，能够体现这 3 个几何元素间的相互作用的是网结。网结指的是内部结构如同相互联结的网络的物体覆盖住一个表面或填充一个空间。例如叶子的叶脉通常有个特征，就是从与主脉相连的地方到叶片外围会有一个非常平的面，这是几何元素在大自然中的一种有趣且常见的呈现方式，也是点和线共同作用的结果（叶子基本上是平的）。叶脉在节点的地方分支成线段，在下一个节点处再继续分支，一直持续下去，越分越细（见图 3-29）。我们可以把图 3-29 与真正的叶脉（见图 3-30）和龙血树（见图 3-31）做比较。

对我来说，这意味着从一个元素转变为另一个元素，即从相连处的点到弯弯

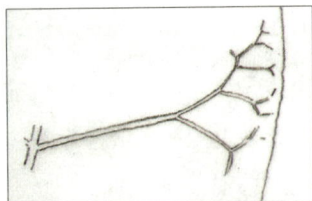

图 3-29　分支

图 3-30　叶脉

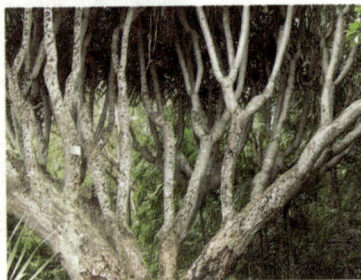

图 3-31　龙血树的树枝

曲曲的线、从节点到边缘、从点到线。达·芬奇（1452—1519）注意到了这一点，他画的图 3-32 可能是一个器官上的血管、一棵树上的树枝，或是一片叶子的叶脉。血管、树枝、叶脉这些形式，看起来就像是 20 世纪 70 年代由牛津大学教授罗伯特·梅等人推广的混沌理论中的单峰所产生的分支图形。一个简单的单峰所产生的分支图形（见图 3-33）和这些图像有相似之处。

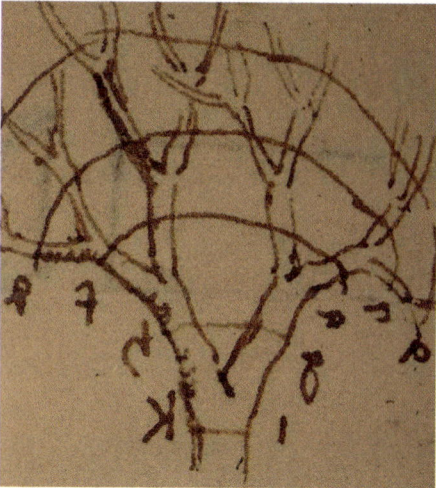

图 3-32 达·芬奇的手绘图

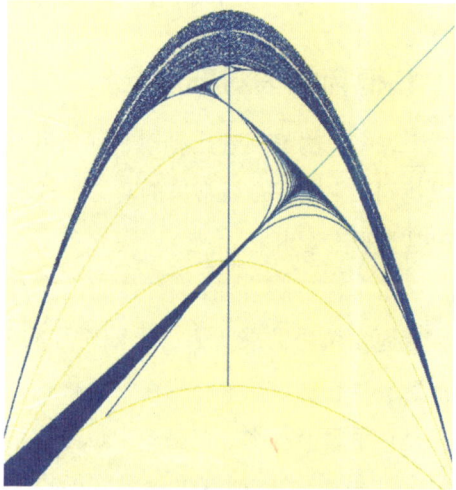

图 3-33 单峰的分支图形

直到 19 世纪初，替代欧几里得第五公设（关于平行线）的新公设被严格证明之后，才出现了与欧几里得几何学截然不同的几何学。俄罗斯的罗巴切夫斯基（1792—1856）和匈牙利的亚诺什·鲍耶（1802—1860）各自独立地发展出了后来被称为"非欧几何学"的新几何学，这促进了利用综合法研究射影几何学的发展。在用综合法研究射影几何学时，位于无穷远处的点被视为等同于且可转换成欧几里得空间中的点。

第 4 章　大自然中的对称

4.1 植物的轴对称性

许多事物都展现出轴对称性，我们在动物（包括人类）、植物与矿物中都可以找到，它或许是最常见的对称形式。相对而言，其他的对称形式则不明显，有时甚至很难看出来。

图 4-1 所示是一种被称作"山魔鬼"的澳大利亚原生植物的果实，它是轴对称的最佳例子。注意看，它以一条中心线作为对称轴，而且它不只是在平面上对称，在空间中也对称。美丽的蝴蝶（见图 4-2）也拥有这种对称形式，虽然图中蝴蝶的翅膀十分平整，但我们所说的对称是以昆虫身体的中心垂直面为对称轴的。由上往下看，它的对称轴其实是一个上下延展的平面，而蝴蝶的身体是一个三维的实体。

图 4-1　"山魔鬼"的果实

图 4-2　蝴蝶的对称性

　　这种对称性在大自然中很常见，绝大多数生物的身体都是轴对称的，例外的情况不多。人类（事实上人类属于高等动物）和动物在外观上几乎都合乎这种对称性，不过在身体内部又是另外一回事了。

　　人类和动物体内的器官并非对称的。

　　在植物世界中，叶子清楚地展示了这种对称性，如图 4-3 所示。但请注意，图 4-4 所示是一种澳大利亚原生植物的叶子，它看起来的确很像是轴对称的，但真的是吗？或者只是趋向轴对称？根据图 4-5，这种叶子应该属于后者，但已经相当接近于轴对称了。图中两个黄色的点到中间叶脉的距离几乎是相等的，但注

图 4-3　各种各样的叶子

意看，中间叶脉的两侧有一些尖刺未精确地对称。对我来说，这已经足以表明大自然中有某种趋向形成完美轴对称的力量了，只是暂未成功。我想重点在于趋向而非精确，虽然为何一边要与另一边对称仍然是未解之谜。

图 4-6 所示用于测试叶子的轴对称性。我选了一片叶子，我们可以很容易地看出叶片的左右两侧是完全对称于中间叶脉的。实际上有多精准呢？首先，我在叶子左右两侧的边缘标示了几个点；然后我把它们的中点也标示出来（红粗线）。蓝色的点表示叶子中间的主脉。红粗线与蓝色点线的差异显而易见，但并不能说明它不合乎轴对称性。我们注意到，越趋近于尖端，叶子越符合轴对称性。同时也请注意，叶子两侧的叶脉形式是相似的，但并非完全一样。这种相似而非完全一致的植物很奇妙且有趣。物体的两边不一致但仍然很相近，这种现象在现实世界中很常见。

图 4-4　看起来像轴
　　　　对称的叶子

图 4-5　几何学显示叶子相当
　　　　接近轴对称

图 4-6　轴对称性测试

或许你觉得图 4-7 所示的叶子是一个很好的轴对称范例候选者。看起来的确是，但我们并不能百分之百确定。假定叶子的中间有一条中轴线（白色点），首先我用一个蓝色的多边形覆盖叶子的右侧，然后把蓝色多边形翻折到中轴线的另一侧，得到的就是黄色多边形。现在我们可以轻易地看出来，叶子的左右两侧是多么相近（或不相近）。把通过对称点且垂直于中轴线的红色平行线也加进来，理论上该平行线可以延伸到无穷远的一个点。

图 4-7　对称性测试

我要说的是，在叶子这个有机体中，有一种想要达成轴对称的强烈趋向。这种趋向不禁让人联想到轴对称可能和位于无穷远处的几何元素有关，所以存在于叶子中的概念架构是无限的。

并非所有的叶子都有这种轴对称的趋向。某些叶子有显著的不对称性，其几何范式仍有待探究。秋海棠科植物的叶子具有这种不对称性，图 4-8 是莲叶秋海棠的叶子。我们依然可以问的问题是，有没有什么有系统的、说得通的几何范式可以用于解释这种不对称性？我目前无法回答这个问题，虽然我猜测它与调和构造有关（见第 14 章）。尽管这样的叶子本身也许是不对称的，但它可能和茎的另一侧的叶子对称，如图 4-9 所示。

图 4-8　不对称的秋海棠叶子
（莲叶秋海棠）

图 4-9　虽然叶子本身不对称，但茎两侧的叶子对称

也有许多植物会开出轴对称形式的花朵，包括豆科植物与数以百计的兰花（见图 4-10 和图 4-11），这些植物身上的轴对称特点是毫无疑问的。

图 4-10　豆科植物

图 4-11　兰花

我用一种图像叠加技术来估量这些花朵有多么符合轴对称性。首先，在原始图像中找出一条垂直的中心轴线（见图4-12），再把一半的图像复制并水平翻折叠加到另一半的图像上。为了清楚起见，翻折的复制图像用透明度约50%的黑白图像呈现（见图4-13）。

图4-12 对称的兰花

图4-13 复制兰花的左侧，将其水平翻折并以黑白显示，叠加至右侧图像上

虽然我所选的这朵兰花图像叠加的结果并不完美，但已经足以看出它努力地在满足轴对称了。

在自然界的其他领域中亦不乏这种对称性，此处提供些许例子只是要说明这种对称性是无所不在的。如果我们认真看待几何学，而不是仅把它当作数学的一个枯燥的分支，那么自然界的所有领域都应被视为几何的一部分。

4.2 矿物的轴对称性

矿物世界中的晶体对称性以及它们的性质与结构已广为人知。如今的自然物理科学对于物质已经有很深入的研究，所以在这里我只举几个例子。

一种近似晶体形状的几何形式是菱形十二面体，图4-14所示是它的玻璃模型，而与之近似的晶体是石榴石。石榴石呈现深红色，晶面是菱形（或很接近菱形）。图4-15所示是我在澳大利亚的一个内陆小镇买到的一块小石榴石晶体，它展现了非常棒的轴对称性，这种晶体形式非常接近完美的菱形十二面体。

这种晶体的理想形式有12个面，每一面都是具有特定比例的菱形（菱形是正方形的变形，两对角线不等长）。菱形十二面体的结构决定了菱形面两对角线的长度比是 $1 : \sqrt{2}$，大约是 $1 : 1.414$（通过菱形十二面体与立方体的关系求得）。

图 4-14　用玻璃制作的菱形十二面体（克里斯特尔·波斯特）

图 4-15　石榴石

　　为了确定这个比率，我们可以从菱形十二面体的 1 个顶点的正上方看下去，可以看到它的 4 个面刚好覆盖 1 个立方体（见图 4-16）。如果立方体的棱长是 2 单位，则（由对称性可知）在它上方的直角三角形的两股长都会是 1 单位。因此，由勾股定理（$a^2+b^2=c^2$）我们可以轻易地算出直角三角形最长边（斜边）的长度为 $\sqrt{2}$，大约是 1.414。菱形十二面体是由 12 个菱形组成的，是一种半正多面体，也被称为阿基米德立体；菱形有 4 条等长的边，但不是正方形（扑克牌中的方片就是菱形的）。

　　菱形的边会和水平对角线成一个特定的角度，该角 θ 可以从图 4-17 中算出来。

$\theta = \tan^{-1}(\sqrt{2}/1) = 54.7356°$（大约 54.7°）。

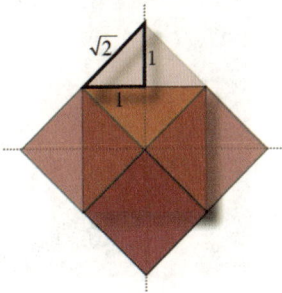

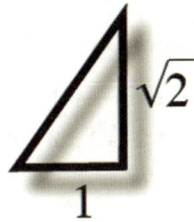

图 4-16　菱形十二面体与立方体

图 4-17　求出菱形的角度

　　这种晶体和叶子具有类似的轴对称性，但有一个重要的例外：这种矿物对称于两条对角线（也就是每个晶面上的两条对角线）。因此，这种矿物本身具有不止一种对称形式。这样的多重对称性在植物界中很罕见，我们几乎看不到，尽管有些花瓣数或茎的个数是 4 的倍数的植物具有双重对称性。

即使是简单的菱形（石榴石亦然）也需要无穷远处的元素，因为这个几何图形需要位于无穷远处的直线上的两个点，这两个点与菱形中心的连线互相垂直（见图 4-18）。

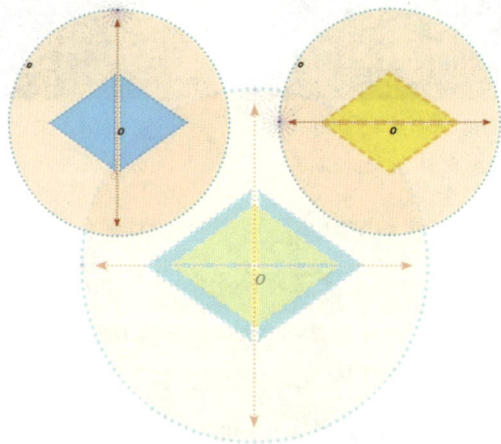

图 4-18　双重对称性

我用石榴石代表所有具有这种规则晶面的晶体。黄铁矿（见图 4-19）展现了一种矩形的双重对称性，矩形也需要位于无穷远处的直线上的两个点来定义平行线。在图 4-20 中我们可以看到，点 A 和 C 都在无穷远处的直线 l 上，对角线上的点 B 和点 D 也在直线 l 上。

在正长石中（见图 4-21），双重对称性也体现在空间中而非只在平面上，尽管和植物的叶子一样有些许的不精

图 4-19　黄铁矿中的矩形表面

确。在这里，我们可以看到一种追求完美的自然力量。虽然石榴石不是精确的菱形，但至少它设法在两个轴上保持对称。为了证实这一点，再用另一个石榴石（见图 4-22）来说明，我们看到它的每个表面都是平行四边形的，就好像在"追寻"菱形。

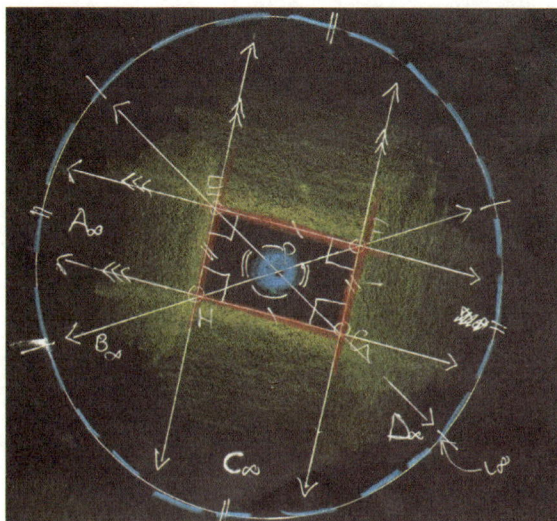

图 4-20　矩形

图 4-21　正长石

图 4-22　晶面不是菱形的石榴石

4.3 动物和人类的轴对称性

　　动物在某个方面也表现出强烈的轴对称性：从身体的正面或背面看都是左右对称的（尽管后者不应该被过度强调）。脊椎动物身体的基本结构是由一个垂直的平面将左右两侧分开，但这并不适用于体内器官的排列方式，因为体内器官几乎都是不对称的。

　　动物的这种对称性究竟有多精准呢？除非从一条估算出来的中心线或一个中间平面做仔细的测量，否则不容易确定。之前用于兰花的视觉方法现在或许可以派上用场。这里有几个例子。我拍摄了一张袋貂的照片（我家屋顶翻修时，我发现它被困在阁楼上）——照片要尽可能地从正面拍摄（见图 4-23）。我们根据照片估计出中间平面（从正面看是一条线，所以我们暂且称它为中心线），必要的话可以旋转照片让中心线垂直。以这条中心线为基准，水平旋转照片 180°（见图 4-24），然后把它叠加到原来的照片上并对准两条中心线，旋转的复制照片用50% 的透明度（见图 4-25）。注意看，这两张照片上的图像非常吻合，你几乎觉察不出来你正在看两个图像。

　　图 4-26 至图 4-29 所示是澳大利亚的一些有趣的动物（陆龟除外）。图 4-30 和

图 4-23　袋貂显示的轴对称性（左右对称）

图 4-24　旋转袋貂的照片

图 4-25　叠加两张袋貂的照片

图 4-26　鹤鸵

图 4-27　鸭嘴兽

图 4-28　针鼹

图 4-29　陆龟

图 4-31 是叠加我之前的宠物苏西的照片前后的对比，图像制作方法是一样的。我只能说两张图像非常接近，除了苏西一只耳朵朝上、一只耳朵朝下的特征。我还用澳大利亚原生动物树袋熊（见图 4-32 和图 4-33）和袋鼠（见图 4-34）的照片来加强对比。虽然相比于明显的轴对称形式动物界仍存在一些不完美的情况，但在上述例子中这种情况看起来并不多。

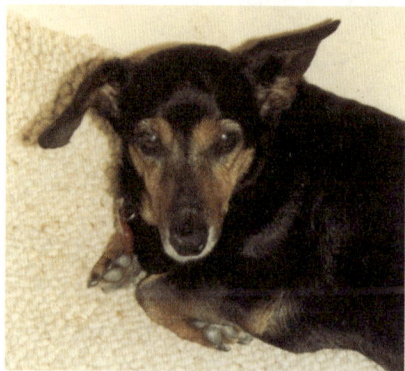

图 4-30　腊肠犬苏西

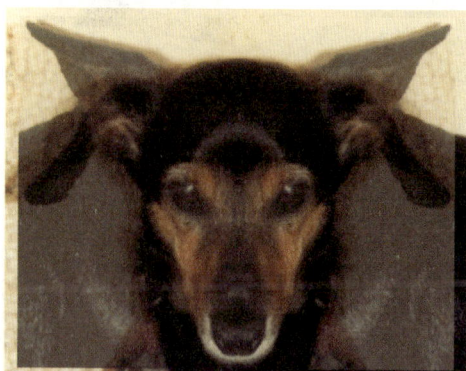

图 4-31　经图像叠加的苏西

图 4-32　树袋熊

图 4-33　经图像叠加的树袋熊

图 4-34　经图像叠加的袋鼠

　　要陈述这种显而易见的结果挺麻烦的，因为我们的眼睛就可以看出这种明显的轴对称性，几乎不需要进行任何检测。如果有什么不对称的情况，我们一定会注意到，例如苏西的耳朵。然而，检测仍是必要的，因为我们认为理所当然或不以为然的事物，很可能都未被真正理解：仅仅宣称轴对称性却一点都没有解释什么是轴对称性就是如此。我想要做的是把轴对称置于一个脉络之中，在这个脉络中，我们对空间的理解是整体的，包含空间不可避免的且内含的无穷元素。这种形式也就是结构，它意味着一种几何元素是由局部和在无穷远处的特殊配置构成的。这些几何元素不只是理论的附属品。不可见的事物总是伴随着可见的事物，运用我们的思维，我们将可以"看到"不可见的事物。

　　人类无疑也是轴对称的，但除了明显的对称之外，我们还有别的发现。长相会受到个性的影响，这是个体长大、成熟的结果吗？图 4-35 所示是作者的照片。在图 4-36 中，原来的照片被一分为二、水平旋转，然后分别叠合在左右两侧形成两张图像。图 4-36 中哪一个才是作者本人呢？当然都不是！他们看起来明显不同，

图 4-35　作者以及中间的对称轴

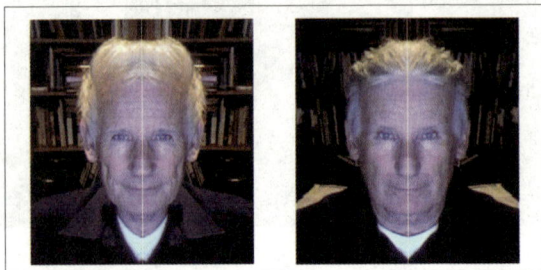

图 4-36　两个左半边以及两个右半边叠加的作者

不只是发型而已。某种东西给了我们异于他人的独特之处，我相信这会显露在相貌的不对称之中，而我们在动物界中看不到相同的情况。它们的相异之处必定是由于不同的来源。

我们的独特之处、我们的个性是否就深植且显露于我们从严格的几何对称性中所瞥见的这种不对称特征里呢？

4.4 大自然中的旋转对称及其形式

这种对称性出现在花瓣或萼片围绕着一个中心且每个花瓣或萼片与中心等距的各种花里。百香果的花体现了两个五角形对称（见图 4-37）。这种对称性对应某一个点，也在某条线的范围之中（在此这条线位于无穷远处），我用虚线来表示位于无穷远处的线 o（见图 4-38）。

我们用笛沙格定理作图法画一个基本的图形来理解旋转的概念，先从图 4-38 开始：首先画 3

图 4-37　百香果花

条过点 O 的直线 x、y 和 z，在无穷远处的线 o 上找 3 个点 X、Y 和 Z（见图 4-39）；然后在直线 x、y 和 z 上作任意一个三角形 ABC（见图 4-40）。接下来，这个三角形要变换到哪里呢？三角形的 3 个顶点要分别旋转到仍然在直线 x、y、z 上的点 A′、B′、C′，只是顶点和直线是随着无穷远处线上的 3 个点 X、Y、Z 的移动而旋转的。在这个例子中，三角形是顺时针旋转的（当然，可以有两个旋转方向）。

我们看到的是一个对象（这里是一个三角形）绕中心点 O 旋转对称。

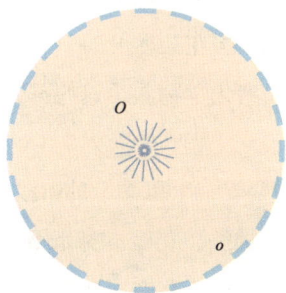

图 4-38　旋转的基本元素　　图 4-39　加入 3 条直线与 3 个点　　图 4-40　加入三角形

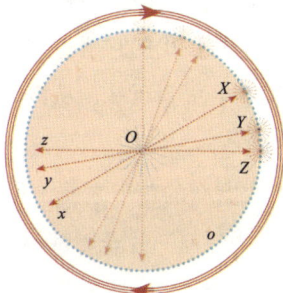

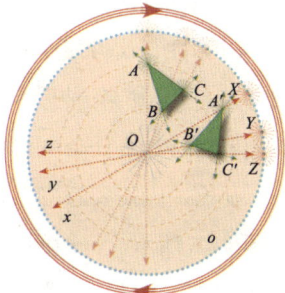

接下来要讲的这些对称对我们来说是显而易见的。例如，如果百合的六角形对称突然变成八角形的、不对称的或杂乱无规则的，我们一定会注意到！大自然中的大部分形式与构造都被我们视为理所当然，我们期待的对称是像百合和玫瑰看起来那

图 4-41　苹果核

样的。苹果核是五角形对称（见图 4-41），林奈的生物分类法不会告诉我们为什么蔷薇科植物和海胆都是五角形对称。在这里，我要做的是从宏观的脉络来看待这些结构，形成一种整体的、有结构的体系，而不是认为微观的观点可以解释所有的事。

4.5 花形中的旋转

许许多多的花都展现出这种对称模式，我们几乎不需要去证实大自然中有这种旋转对称，因为它是如此明显。更确切地说，是我们这么以为。然而，事实上花并没有旋转，我们看到的是一种合成的结果（两种或多种作用的组合）。因此，花瓣的排列也许是断断续续的旋转、周期性的显露、规律的出现与消退所造成的结果。如果我们从位于无穷远直线上的两个点往相反方向移动的角度看，图 4-42 中的花瓣就像是某种围绕中心的 5 个节点驻波，我们所看到的是真实旋转的位相。事实上，我们正在说的是一种双重旋转，也就是说沿着位于无穷远处的外围，有两个相反方向的旋转，而我们实际上看到的是两种旋转位相组合后的结果。

尽管如此，我们仍需要通过一些例子来证实这种明显的旋转，尤其要找出其中是否隐藏着某种不对称的旋转。花朵中任何稍微不够完美的地方都会显露出这种不对称性，这可能是难以察觉的，我把它留待未来探讨。当花朵盛开时，它会面临来自环境的各种影响，从毛毛虫到风暴、从汽车废气到化学物质，这些都会让旋转对称这个任务变得困难。

还有一点需要考虑，在形成完全的花形之前，我们需要看一个概念上的阶段，如图 4-43 所示。一般的情况是，任何一片花瓣都没有中心轴线，花瓣本身是不对称的；特殊情况是，花瓣呈现轴对称，而整朵花呈现辐射对称（有许多花形展现出这种情况）。

图 4-42　茶树花

图 4-43　一般的旋转作图

许多花朵都具有我们在旋转的茉莉花（见图 4-44）上看到的对称性。为了获知这些花瓣是否真的围绕一个中心旋转，我们可以在每一片花瓣上标示一系列的点，在花瓣绕着估计的中心点旋转后，我们就可以看出它们的相似度有多高。

首先，在选定的花朵照片上选一个中心点（尽可能接近中心的点），如图 4-45 所示。然后以这个中心点为圆心，画一些参考用的同心圆。在花瓣上画一个三角形，三角形的 3 个顶点分别在不同的同心圆上。既然有 5 片等间隔的花瓣，那么旋转的角度就应该是 72°（360°/5），每隔 72° 画一个这样的三角形，共 5 个。稍微旋转和调整图片，使得 5 个三角形大致覆盖花瓣。从图 4-46 中我们可以看到，对这个呈旋转花形的茉莉花而言，虽然花瓣与三角形的对应关系并不精确，但足以显示出一种对应关系。

图 4-44　旋转的茉莉花

图 4-45　找出中心点

图 4-46　加入 5 个三角形

另一个例子是某种长春花，图 4-47 中的长春花看起来也有很明显的旋转对称性。我们再一次重复上述步骤，找出这朵花的大概中心点（见图 4-48），在一片花瓣上画几个参考用的点，以中心点为圆心，画几个通过这些参考点的同心圆（本例中是 3 个参考点，其中 1 个参考点在花朵中心的小小五边形上，见图 4-49）。

图 4-47 长春花　　图 4-48 找出长春花的中心　图 4-49 加入三角形的长春花

　　实际间距与理想间距的误差到底是多少？我在每一片花瓣上选一个点，然后测量从基线逆时针旋转到该点的角度。如果我们只是把这些角度加起来，那么会得到 360°，也就是 59°+76°+80°+74°+71°=360°。这除了可以告诉我们平均角度是多少外，别无其他。但是，如果我们把这些数值换算成弧度，平方后再相加，求其平均数的平方根，也就是给每一个数值不同的权重，所得到的平均数就可以反映植物外形与理想情况的差异。

$$[(59/180)\times\pi]^2+[(76/180)\times\pi]^2+[(80/180)\times\pi]^2+[(74/180)\times\pi]^2+[(71/180)\times\pi]^2\approx7.96\ (\pi\approx3.14)$$

$$7.96/5\approx1.59$$

　　所以新的弧度的平均值就是 $\sqrt{1.59}\approx1.26$，换算回角度约为 72.2°。虽然它不是精确的 72°，但已经相当接近了。（为了说明这是很重要的近似值，我们举不同的数字来做个小小的试验。令 5 个数字分别为 10°、10°、10°、10°、320°，其和也是 360°，平均值是 72°。把这 5 个数字按上述步骤换算后平方相加得到 31.28，接着求出 31.28/5 ≈ 6.26，$\sqrt{6.26}\approx2.5$，换算回角度后约为 143.3°，这个数字和 72°差很多。）

　　把画的图形围绕着中心旋转，每次旋转 72°（见图 4-50），这可以显示花瓣之间的实际间距与精确间距的误差。

　　如果这里的旋转是精确的，那么便可以证明构成旋转所需要的就是图 4-38 中的双重性，也就是需要一个位于有机体正中间的中心点 O，以及位于无穷远处

图 4-50 长春花的花瓣与三角形的吻合情况

的外围线 o。因此，如果没有中心的 O 和无穷远处的 o 这两个实体，那么旋转概念的建构就不完整。换个说法，没有"宇宙"，长春花就是不完整的。

4.6 旋转对称与轴对称的结合

在这里，我们还可以更往前一步。我们可以把不同的对称形式结合在一起吗？就旋转对称来说，答案是可以的，因为它常常和轴对称相结合。我们发现，在令人惊叹的百香果花朵（见图 4-51）中就同时出现了这两种对称性。事实上，这种情况颇为常见。另外一个实例是图 4-52 中的花朵，它有 5 片花瓣，每片花瓣都展现了轴对称性。当然，受到许多变幻无常的外在因素的影响，我们无法指望在拍摄花朵时花瓣总是呈现完美的几何形状。以雏菊为例（见图 4-53），在这个例子中，我只是把一个图案重复 13 次叠加在每一片花瓣上，并且加以比较（见图 4-54）。从图中我们可以轻易看出真实花形与理想花形的偏离程度，不过我们仍然要在旋转 13 次后进行对称比较。最后，我们看看图 4-55 中的百香果果实，在它的外观上有着清晰的旋转对称图案。

图 4-51　百香果花

图 4-52　5 片花瓣的花

图 4-53　雏菊

图 4-54　把旋转 13 次的图案叠加在雏菊上

图 4-55　百香果

这些例子中是否存在双重旋转？是否（可以说）在无穷远处的直线上有双向平衡的力量？旋转对称或轴对称是其基本的形态吗？我们的探索似乎引出了更多的问题，而非得到了完全的解答。

4.7 大自然中的平移对称

我们可能以为某个元素（或许又是一个三角形）在一条直线路径上的简单重复是很容易看出来的，但对我来说，这是最不明显的。相较之下，呈现出轴对称与旋转对称的构造还比较直观和清晰。

平移对称是矿物界中的基本对称形式。虽然其他对称性也体现在矿物形态中，但在我看来，矿物基本的形态就是全等性和重复性。两个同类元素的原子之间会有什么不同吗？矿物界里的结构特性有晶体的、刚性的、反复出现的、线性的和矩形的，而当代文化也显露出这种鲜明而精确的规律性。看看城市的天际线，几乎每一个城市景观都体现了人类对矗立的建筑物的迷恋（见图 4-56 和图 4-57），它们就好像由许多晶体打造的花园一般（见图 4-58）。

图 4-56　高楼大厦中的直线性

图 4-57　城市景观

图 4-58　某个晶体结构

图 4-59　方解石

找找看，我们的周围有没有不属于大自然的曲线！如今，我们是不是有一种矿物倾向的意识？从建筑物来看似乎是的。"垂直"真的是矿物会"做"的事，但绝不止于此。虽然大部分的矿物并非都是直角形式，但仍然有一个明确的规律。

比方说，我们可以在方解石（见图 4-59）、石榴石（见图 4-60）、石英（见图 4-61）和黄铁矿（见图 4-62）的变体中看到这种规律性。许多晶体表面的线是否代表反复的堆砌，也就是一种特定形式的平移？例如在黄铁矿中是矩形，在石榴石中是菱形，在石英中是六边形。因此，真正的矿物并不都是直角形式的。

图 4-60　石榴石

轴对称需要满足一条直线 o，一个位于无穷远处的点 O，3 条相交于无穷远处的点 O 的直线 x、y、z（它们是平行的），还有直线 o 上的 3 个点 X、Y、Z（见图 4-63）这几个条件。平移对称需要的更多，直线 o 必须也要移到无穷远处（纸不够大），因此，我再次用虚线圆来表示移到无穷远处的直线 o（见图 4-64）。

图 4-61　石英

现在，三角形 ABC 和三角形 $A'B'C'$ 仍然在直线 x、y、z 上，并且沿着它们滑动，如同在铁轨上一样（见图 4-65）。A 沿着直线 x 移向 A'，（可以说）实际上就是 A 绕着无穷远处直线上的点 X 做旋转，因为平行直线可以想象成是绕着无

图 4-62　黄铁矿

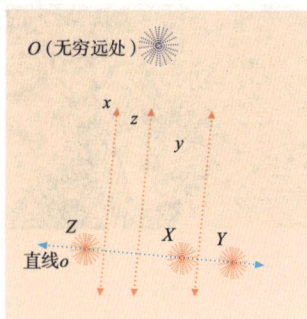

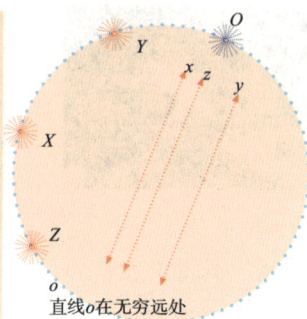

图 4-63　轴对称　　图 4-64　平移对称　　图 4-65　平移的三角形

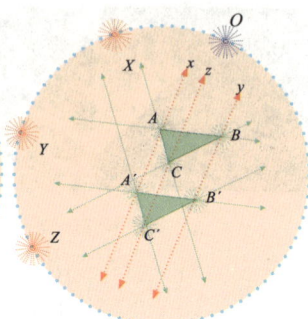

穷远处的交点做旋转形成的。这些图很容易画出来（见图 4-66），即使不是那么容易理解。

我们可以在建筑物上看到平移对称的例子，例如一排位于墨尔本的某学院的窗户（见图 4-67）。我们也可以在昆虫界看到类似的例子：蜜蜂制作的六边形蜂巢，例如图 4-68 展示的是大小约是一般蜜蜂蜂巢一半的黄蜂的纸质蜂巢。图 4-69 是我在新南威尔士的天顶海滩发现的一条小鱼，鱼身上的鳞片趋向于一种镶嵌的模

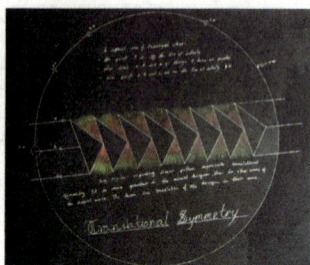

图 4-66　平移对称（马可）

图 4-67　位于澳大利亚墨尔本的某学院建筑的窗户

图 4-68　澳大利亚原生黄蜂的纸质蜂巢

图 4-69　一条鱼身上的六边形鳞片的镶嵌（或平移）模式

式，六边形鳞片覆满鱼身。

无数的工艺品彰显了这种平移对称性。我们大多数人并不会想到，在这些工艺品的结构中，不仅有一个重复元素的中心，而且还有一条位于无穷远处的直线或外围。

4.8 中心、外围与两种度量

如果我们真的要把几何学运用在大自然里，那么我们应该尽可能充分地应用它，而不是仅为了描述方便就以理想数学世界中的东西来装点大自然。如果我们真的认真看待几何学，就可以提出新的观点来看待我们感受到的真实世界。

让我们挑一个物体，然后仔细观察它，它的中心或许很明显，例如图 4-70 中的海胆。但中心真的在那里吗？充其量它只是我们抽象化后所做的估计，而之所以要抽象化是因为我们觉得这样做是有用的。要估计中心，一定要考虑外围（就几何学来说位于无穷远处，就如同海胆显示的旋转对称性）。我们通常不会意识到外围，却相信我们真的看到了中心，因此它只是我们臆测的中心。所以我们应该要明白的是，从任一个中心点辐射出来的是许许多多的射线（见图 4-71）。海胆以五角形辐射对称的形式呈现，这也成了它的特征。

图 4-70　海胆的中心

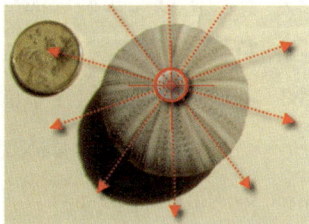

图 4-71　中心与辐射

我们必须让每一个中心都有一个对应的外围，而围绕着我们且位于无穷远处的直线就是外围所在。但是如果我们把外围想成是虚构的，那么中心也将是虚构的，因为两者都是几何实体，所以没有外围的中心就只是一个不完整的概念。我们每个人心中的"几何学家"知道，除非把位于无穷远处的直线也纳入考虑的范畴，不然我们拥有的只是似是而非的真理。

如果海胆真的是五角形辐射对称的，那么五角形的每个角就是 72°，而且每个角的边界与过中心的直线间的夹角是 36°。也就是说，角的大小要一样，这就是用角来度量的方法。当然，至于是不是用惯用的度（°）作为单位，我们自己可以选择。

那位于无穷远处的直线又怎么表述呢？沿着它会发生什么事情？沿着这条直线可以有相等的距离，也就是有一种等距离的度量方法。

相同大小的角必定意味着我们沿着这条直线会走过相等的距离，无论距离有多远。（第7章有关于3种线性度量方法的更多讨论。）

所以，我们有两种本质上不一样的度量方法，而且我们可以在同一个物体中运用这两种度量方法。这也反映在我们的基本几何作图工具量角器（测量角的大小）与直尺（测量距离）上，度量单位则分别是我们熟悉的度（°）与厘米（cm）。

4.9 两种二维性

点和平面是两种很不一样的几何元素。到目前为止，几乎所有的几何结构都展示在平面上：无论是纸、黑板、书还是屏幕。我们通常认为平面是二维的，但如果我们认真看待所有几何元素，事实真的就是这样吗？那点呢？其实，在一个点上我们也能够发现完整的几何特性。

截至目前，我们在平面上讨论过的所有对称性在点上都有体现。这是一定的，因为几何学定理对所有几何元素一视同仁，没有矛盾，我们必须要做的就是重视对偶和配极原则（详见2.7节）。

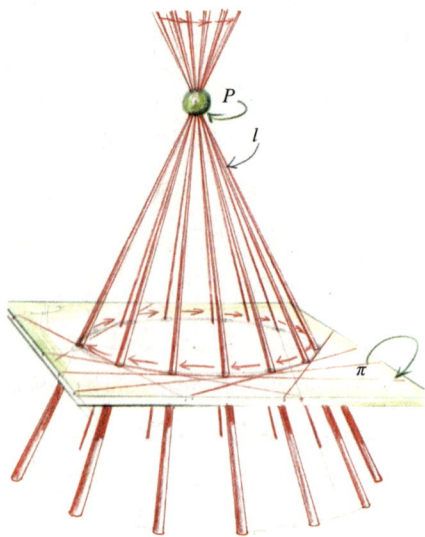

图 4-72　圆锥与直线族之圆

然而，我并未企图探究几何学的每一种性质，只是举了大自然中的一些例子。首先，图 4-72 中的图形同时展示了圆锥与圆，圆所在的平面 π 是由切线和切点确立的；圆锥上有的东西，在点 P 上也有以平面和直线构成的对应部分。这张图全然是配极的（我在三维中用"配极"一词，二维中用"对偶"一词，它指的是射影空间中的一种特殊的对应规律），无论平面上有什么样的构造，在点上都会有相同的部分。

谨慎地取一个胚芽进行培育，我们会看到它以不可思议的规律性逐渐成长。

我用来种植的种子是点状的。

　　人类也依赖于细胞生长成胚胎这个伟大又神秘的过程。

　　大自然如何强调这一点？大自然里有各式各样的辐射，我们只要仔细瞧瞧贝壳就可以看到。图 4-73 所示的钟螺，圆锥形外壳的顶角大约是 60°。其他贝壳的圆锥顶角差异很大，各种角度都有，图 4-74 所示是另外两个例子。其实，我们要画出贝壳的这种外形并不困难。

图 4-73　钟螺　　　　图 4-74　不同大小圆锥顶角的贝壳

　　在图 4-72 中，直线 *l* 绕点 *P* 旋转，我们可以在平面 π 上画出一个圆——一个直线族之圆。我们还可以更进一步。如果我们考虑螺线旋绕圆锥的方式（见图 4-75），而且假定圆锥壳体生长的每一步都沿着中心轴线，那么就可以把贝壳生长的形式描绘出来（见图 4-76）。在这张手绘图中，二维结构再清楚不过，因为很

图 4-75　圆锥中的螺线　　　　图 4-76　手绘的贝壳

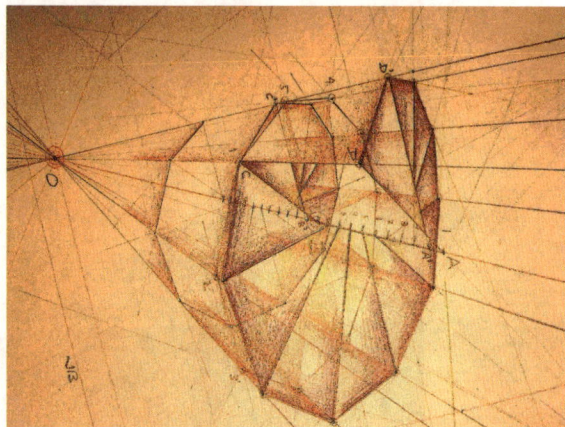

明显平面和直线都通过一个顶点，螺旋依附其上产生，而这实际上让螺旋变成三维的了。

在植物世界中，我们看到许多似乎是由中心点向外辐射的例子，例如我们都熟悉的蒲公英的种子，而这种现象还会出现在许多不同大小的植物上。图 4-77 是一种龙舌兰科的大叶植物，看起来像是一颗巨大的三维星星。图 4-78 和图 4-79 中的两种颜色的花呈现类似的形态，而且同样近乎球形。

图 4-77　龙舌兰科的大叶植物　　图 4-78　近似球形的花 1　　图 4-79　近似球形的花 2

我们来看另一个简单的作图小练习，就是在点和平面上画出配极图形，这里画的是五边形与五角星形（见图 4-80）。它表明虽然图形在点上与在平面上是两种不同的形式，但它们之间仍然是密不可分的。

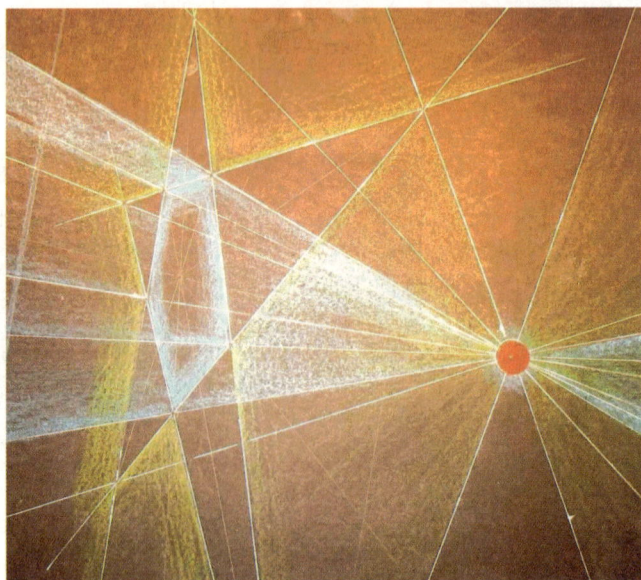

图 4-80　五边形与五角星形的配极图

第 5 章　不对称旋转

正如我们在第 2 章中看到的，假如基本几何结构中的直线位于无穷远处，我们就可以得到平移对称和旋转对称（分别见 2.5 和 2.6 节）图形；假如直线位于中央，我们就会得到轴对称（见 2.4 节）图形。但是，有没有一种情况是中心点和外围的直线两者都在相对邻近之处，从而导致一种不对称的旋转呢？

我很好奇这种情况是否存在于大自然之中，就算存在，我也并不指望能找到。我第一次发现这种情况是在一轮扇形叶子上（如 2.6 节所述），接着我一而再地看到它，比如说在悉尼的植物园里。图 5-1 是我第一次看到的这类植物，图 5-2 则是我居住地的例子。这种带有多片叶子的植物形态，在多大程度上真实地反映出不对称的几何结构？虽然我只做了概略的分析，但结果足以令我满意，我确信其中必有某种意义。

图 5-1　不对称旋转植物 1

图 5-2　不对称旋转植物 2

5.1　不对称的叶子

为了让读者理解我做的几何分析，我将从头开始示范如何作图。

步骤 1：选定一点 P 与一条水平线 p（不通过所选的点）（见图 5-3）。

步骤 2：过 P 点画一条水平线（见图 5-4）。

步骤 3：从上步所画的水平线开始，每隔 20° 画一条从 P 点辐射出来的直线（见图 5-5），每一条辐射线与一开始选定的水平线 p 交于一点，并且从左至右编号，其中 9 号交点将会在无穷远处。

步骤 4：在过 P 点的任意一条辐射线上选定一点 A，作直线 a 通过 A 点和 1 号点（见图 5-6）。

步骤5：画下一组点和直线：点 B 是直线 a 与下一条辐射线的交点，作直线 b 连接 B 点和2号点（见图5-7）。

步骤6：依此步骤继续画下去，点和直线会开始有节奏似的交替出现，而且环绕在 P 点周围（见图5-8）。

我们据此可以画出完整的曲线（见图5-9）。

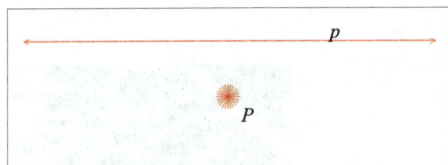

图5-3　步骤1

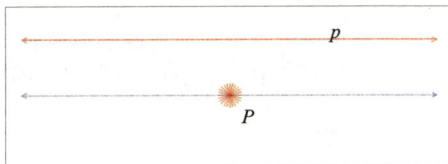

图5-4　步骤2

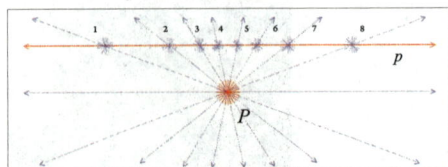

图5-5　步骤3

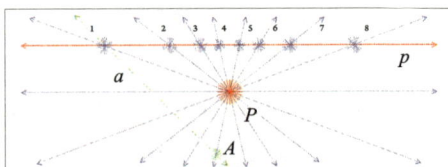

图5-6　步骤4

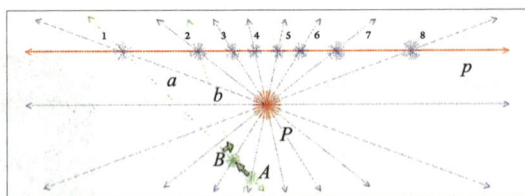

图5-7　步骤5

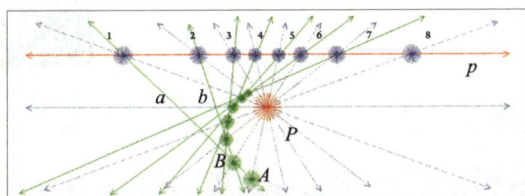

图5-8　步骤6

图5-9　完整的曲线

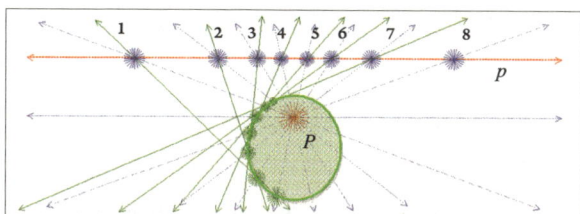

图 5-10　擦去作图痕迹后的图形

现在，我们把一些作图的痕迹擦去（见图 5-10）。回到那一轮扇形叶子，假设它的几何结构为不对称旋转形式，我们采用上述方法作图，不过这次要从真正的叶子开始。我选择的是 10 片叶子的形态。

首先预测 10 片叶子所构成形状的长轴所在，并沿着它作一条垂线；然后预测 10 片叶子所构成形状的辐射中心点 P 的位置（见图 5-11）。

图 5-11　在叶子上作图 1

然后，在预测的中心线（令其为 a）上找出两点 A 和 B，分别对应最远的与最近的叶子尖端（见图 5-12）。

现在，我们得到了辐射中心点 P 及其两侧的 A、B 两点，但点 A、B 到点 P 的距离并不相等。接下来，我们要找一个点 C，使得 C 点和 P 点调和分割 AB 线段。（译注：若点 M 内分线段 AB，点 N 外分线段 AB，且 $MA/MB=NA/NB$，则点 M 和点 N 调和分割线段 AB。）

图 5-12　在叶子上作图 2

过 A 点作任意两条直线，过 P 点作一条直线，该直线与过 A 点的两条直线相交于两点；分别作此两交点与 B 点相连的直线，此时得到的图形称为调和四边形（译注：调和四边形指对边长度乘积相等的圆内接四边形）。作调和四边形的另一条对角线并延长，交直线 a 于一点，此点就是我们要找的 C 点（见图 5-13）。

过 C 点画一条与直线 a 垂直的直线，它正是我

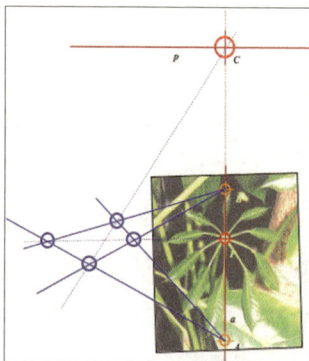

图 5-13　在叶子上作图 3

们所要求的外围直线 p，因此要把直线 p 画出来。注意，这条外围直线并不在无穷远处。

获得核心架构的估计图形后，我们现在可以试着把它和不对称旋转的叶子关联起来。从辐射中心点 P 沿着茎的节点并通过叶片作直线，这些直线会与外围直线 p 相交。我们假定这 10 个叶片平均分布于辐射中心点四周，则相邻两片叶子间的夹角是 36°（360°/10）（见图 5-14）。

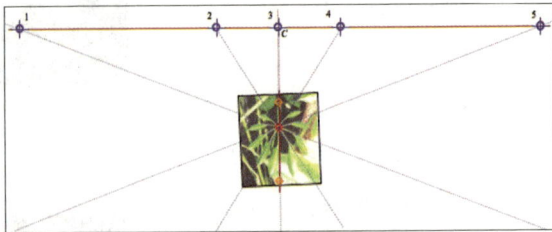

图 5-14　在叶子上作图 4

利用这个等角度的假定，我们可以通过直线 p 上的点作切线（一种环绕测度的方法），从而发现环绕这 10 个叶片的图形（见图 5-15）。

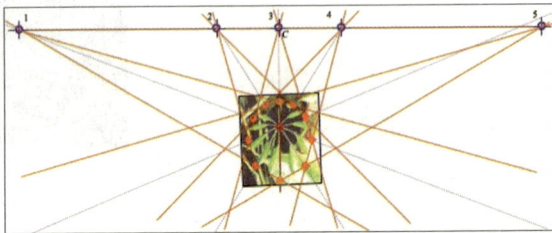

图 5-15　在叶子上作图 5

由于假定叶子是不对称旋转的，所以这些切线会构成一个椭圆的形状围绕着整个叶子。

图 5-16 显示了在假定条件下围绕在整个叶子外围的椭圆。我相信这已经足够吻合了，因为它在某种程度上证实了我们的一个想法，就是不对称旋转的形式会出现在植物之中。

请注意，在这个构造中有一条局部的线被作为"外围"，也有一个局部的"中心"。

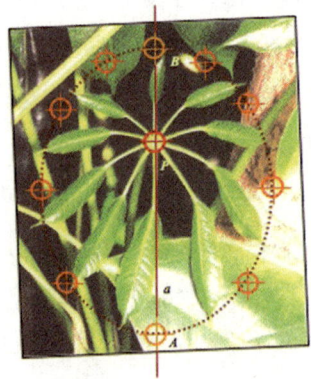

图 5-16　在叶子上作图 6

5.2 不对称的花

通常我们都把花的形状想成端正、匀称的圆形，但我注意到有一种花看起来似乎不是纯粹的旋转对称。当然，大自然中可能有很多这样的花，但是朋友花园中的杜鹃花让我印象颇为深刻，因为它看起来不是很圆，所以我决定加以验证（见图 5-17）。

杜鹃花的每一片花瓣是不是轴对称的？整朵花是不是轴对称和旋转对称呢？为什么我又会对此有所怀疑呢？因为我注意到最上方的那片花瓣看起来似乎比其他的花瓣要宽一些。另外一个线索是花瓣的颜色变化，最上方的花瓣颜色较深，而且带有在其他 4 片花瓣上看不到的斑点。

若是纯粹的旋转对称，我们可以画一个通过花瓣尖端的圆——这里应该只能假定是个椭圆，尽管有一点点偏离中心。我在图 5-18 中画了一个估计大小的椭圆，因为我觉得这个大小的椭圆比较近似围绕花瓣外围所成的形状。

估计中心点 A' 及纵轴的位置。

估计一个通过花瓣尖端的大小合适的椭圆（我使用计算机绘图），椭圆最上方的点 O 与最下方的点 X 都必须位于选定的纵轴上（见图 5-18）。

现在，我们要找出调和点 A，使得 A 点和 A' 点调和分割 OX 线段，这个步骤最好在大一点的纸上进行（见图 5-19）。在这里，交点 A 跑到了纸张之外，因此我们只好利用所画调和四边形的交比（译注：亦称非调和比，是分式线性变换的一种不变量）计算出 A 点的位置。

图 5-17　杜鹃花　　图 5-18　加上椭圆形的杜鹃花　　图 5-19　寻找调和分割点

XA'=83.7 mm，$A'O$=73.7 mm，通过计算求得 A 点到中心点 A' 的距离为：1160+73.7=1233.7（mm）（参见方框内的计算过程）。

X   A'   O   A

利用交比找出调和点 A。根据定义，如果 X、A'、O、A 四点共线，且

$$\frac{A'O}{OA}=\frac{XA'}{XA}，$$

那么就说 A 点和 A' 点调和分割 OX 线段。设 $OA=x$ mm，则

$$\frac{73.7}{x}=\frac{83.7}{83.7+73.7+x}$$

解得 $x \approx 1160$

综上，A 点到 A' 点的距离为：1160+73.7=1233.7（mm）

决定整个形状的外部直线（极线 a）会通过 A 点，且和（几乎是）竖直的纵轴成直角。

下一步是检查花瓣间的角度。如果它是纯粹的旋转对称，那么任意两片花瓣间的夹角应该都是 72°（360°/5），表示这是一种环绕测度或是不对称的旋转。就这个图来说，我们要画得更大才能让通过 A 点的极线 a 长到足够画出环绕测度所需的 5 个交点，最终画出来会像图 5-20 那样。这就是从平面观点得到的整朵杜鹃花的结构，它表明几何元素决定了 5 片花瓣所形成的轮廓。

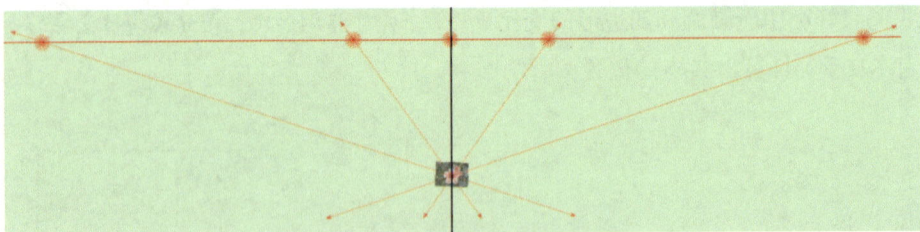

图 5-20 找出环绕测度上的点

5.3 浩瀚宇宙

显然，存在于这朵花里的几何架构是相当巨大的，我认为这个几何架构就和花瓣一样，都是植物的一部分。如果数学的确适用于解释物理现象，而且在物理

学的许多领域中这都被视为是理所当然的，那么为什么在这里会不适用呢？我们甚至还可以问，存在于这朵小花里的是不是某种场域结构，一种普遍存在于整个空间的形态场？

我们是否有理由认为，植物的形式（从其形成的角度来看）存在于一个比人们想象的还要大得多的空间中？我相信是的，也许这些场域甚至是可以被精确设置的。我从斯坦纳的作品中找到了证据，他是这么说的："在植物中发生的一切都是受浩瀚宇宙影响的结果。"至少从几何形成的观点来看，这一说法是成立的。

第6章 直线的方向

任意几何元素都有方向吗？如果有，如何确定方向？不同几何元素的"定向"规则彼此独立吗？这些规则在任意场合都一样有效吗？很明显，一个点无法拥有一个特定的方向，但是直线能够指向某处，因此直线是有方向的。

6.1 矿物领域

在矿物的结晶体中，结晶体的生长看起来好像完全没有特定的方向（见图 6-1）。虽然它们自身通常都是高度结构化的，但是在一大块结晶体中，生长方向似乎是随机的，不过也有例外。例如某些玄武岩柱的构造，像北爱尔兰的巨人堤道、苏格兰斯塔法岛的芬格尔山洞或是塔斯马尼亚州的塔斯曼半岛，这些构造都呈现出垂直的特征，一般认为其形成与火山活动有关。

图 6-1　向任意方向增长的结晶体

然而，从与生长方向不那么严格相关的层面来看，我们可以把它们的晶体结构规则视为内部的中心点与最外围的边缘之间关系的体现。每一条直线（或轴）都位于晶体中心与无穷远处的球面之间。这个无穷远处的球面围绕着我们，这些直线会射向任意的方向，平行线会在无穷远处的平面上相交。譬如，一个立方体的 3 组平行线会交于无穷远处的同一平面，因此这个立方体（或任意结晶体）的中心点会有一个对应点位于无穷远处的平面上。

图 6-2　黄铁矿的平行线相交在无穷远处的平面上

因此，方向在此并不是重点。直角棱柱家族的成员（例如图 6-2 中的黄铁矿）尽管有完全不同的几何中心，但就其几何性质而言，它们会在无穷远处交于同一个平面。因此，虽然每一个晶体的边缘（即直角棱柱）皆指向不同的方向，但所有这些边缘的消逝点最后都位于相同的平面（即无穷远处的平面）上。

尽管如此，在沉寂的矿物世界中也经常有分层的情况。这种分层在大气中的云层（见图 6-3）、平静无波的水面，当然还有地平线（见图 6-4）中都可以看到，我们也经常会在上千年之前就已形成的地层结构中看到水平分层（见图 6-5）。另外，许多道路或铁路间有明显可见的平整的石切面，如果材质更具有可塑性的话，道路的表面会出现些许的起伏。

图 6-3 云层

图 6-4 从悉尼往东望向塔斯曼海的地平线

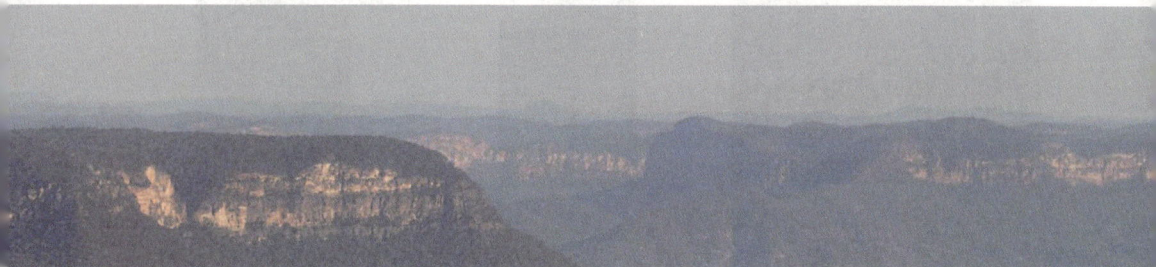

图 6-5 新南威尔士州的蓝山：相对于平整的高原，它有非常深且崎岖的山谷

6.2 植物界

在"空间"的抽象化延伸中，没有什么东西指向特定的方向，但当我们环视我们周围时，这种说法显然是错误的。想想太阳与地球以及它们中心的连线（这条线是两个天体间的引力线，也是许多天文计算中假设的线）。植物界的成员们可是很认真地看待这条线的，有些植物向着阳光生长，有些则是朝向地心。如果要描述植物一般的生长模式，我们可以概括为往上生长和往下生长。

这种生长模式就是约翰·沃尔夫冈·冯·歌德（1749—1832）所谓的原型植物的基本。如果在古老的森林里存在一些让人惊奇的事物，那么会有伟大的物种吗？ J.R.R 托尔金（1892—1973）笔下的树人世界（出自托尔金的著名长篇小说《魔戒》，又译作《指环王》）是那么让人难以置信吗？

想象一下世界上的所有植物，我们会看到许多树干、茎梗以及各种形式的直线与地球表面垂直。这种垂直生长的特性对植物而言相当重要，这是它们的天性。

植物是土地和光的产物：一边努力朝向地心生长，一边竭力迎向太阳射出的光线（见图6-6）。我们可以将地球上生长着的植物想象成托尔金创造的奇幻世界中的树人种族。

地球表面的植物有点像我们的头发，坚硬的地表有点像我们的头骨。即使是在很小的规模上，这种垂直生长的趋势也主导着一切，好比植物的茎干直挺地破土而出。在图6-7中，树干上的枝杈趋向于沿垂直方向生长。图6-8中的草树，

图6-6 这些树木展现出垂直生长的倾向

图6-7 一根树枝在班克木的树干上垂直地生长

图6-8 长在矛状茎干上的草树的穗状花序，以花园的栏杆为背景，呈现出垂直性

即使是它的穗状花序也能完美地垂直于地面，与自身的茎干平行。

　　另一种类似的样貌体现在澳大利亚东海岸的巨大无花果树丛（见图 6-9）中。它们有须根，这些须根从相当高的树枝上垂下来，朝向地心往下生长。而图 6-10 中的树又展现了无比坚决的向阳性。

图 6-9　新南威尔士州无花果树的须根

图 6-10　这棵受过伤的树枝干旋转着朝向上方的光源生长，展现出坚决的向阳性

　　在图 6-11 所示的红树林中有许多根同时向上和向下生长。当沼泽阻碍根部呼吸时，这些根因为需要空气而向上生长。

图 6-11　位于澳大利亚的悉尼市的一个小海湾，在潮水中的红树的根

　　尽管植物界的主要生长方向是垂直的，但在某些植物身上我们也能看到水平的生长方向。举例来说，文竹的叶子会以水平的方向从茎干向外生长（见图 6-12）、雪松的树枝（见图 6-13）、真菌（见图 6-14，目前真菌已被从植物界分离出来，独立成为真菌界）、智利南洋杉的树枝（见图 6-15）也呈现出这种特征。但相较于主要的垂直形式，自然界中的这种水平生长形式还是居次。

　　在图 6-16 中，植物从上往下看展现出一种围绕中心垂直轴的旋转对称性，我们会看到整株植物似乎是围绕着某一个点或中心生长。

图 6-12　叶子显现出水平生长倾向的文竹

图 6-13　印度里希盖什的松树，树枝从垂直的主干上近似水平地向外生长

图 6-14　真菌，通常一层一层地生长在枯死或快枯死的树木表层

图 6-15　智利南洋杉，有些树枝在到达树冠层时会扩散成一系列的平行平面

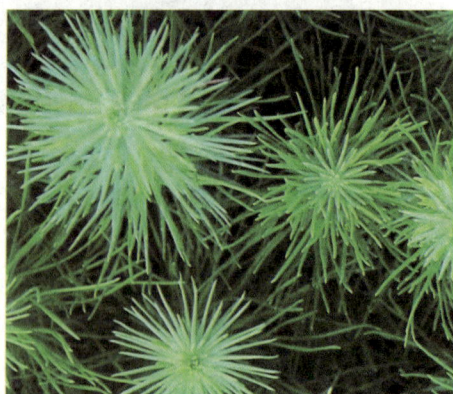

图 6-16　在苗圃里，从一株年幼的枞木属植物的上方往下看的样子

6.3 动物界

观察动物界，我们会发现动物们的主要生长方向是水平的。说鱼儿是水平方向的根本不足为奇，因为它需要浮游，其实大部分动物的身体构造都是水平方向的。大多数的哺乳动物靠 4 个爪子漫步或快跑，而且它们的移动大部分是在水平面上。我猜想这种水平姿势跟动物移动与感知的潜能有很大关系，毕竟一个生物体想要进行某种移动必须先知道自己要往哪里去。

因此，在整个动物界中，动物的身体构造主要呈现水平特征。在图 6-17 中，从动物骨架的侧面看过去，脊柱沿着一条水平线蜿蜒起伏，尾部和肩部往下一点，背部拱起来，头部上扬，口鼻朝下一点（有时反过来），我们会发现其构造带有一种律动感。然而，我们从上方看到的就只是直直的脊柱。

图 6-17　澳大利亚博物馆里陈列的一些哺乳类动物的骨架

新南威尔士州有个很好的例子，那就是温顺的、卵生的针鼹（又称刺食蚁兽）。从它的上方看，我们会看到一条很明显的纵向直线，在这条直线两侧身体构造呈现对称性（见图 6-18）。即使只是一条直线，我认为这张"行动中的几何学"照片还是别具意义的，因为它关系到整个自然界，是自然界特征的体现以及基础架构中的一个重要组成部分。类似的例子还有图 6-19 中的犀牛以及图 6-20 中的羚羊。

即使是在做一些正常运动（例如在动物园里行走）的黑猩猩，它的脊柱与水平方向的夹角也不是很大（见图 6-21），就像是以水平的姿态在行进，只不过有轻微朝向竖直方向的移动（约 10°）。图 6-22 中，四肢触地的袋鼠身体呈现水平方向。

图 6-18　针鼹

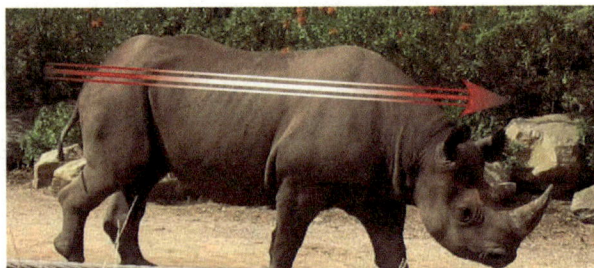

图 6-19　犀牛

图 6-20　羚羊

图 6-21　黑猩猩正常行动时，没有
　　　　偏离水平方向太多

图 6-22　袋鼠

6.4 直立的地球主人

人类的身体显示出一种竖直的倾向，这一点与其他动物不同。笔直而挺立是人类的基本姿态。从侧面看去，人类的脊椎沿着竖直方向前后摆动，而其他动物则是沿着水平方向上下起伏。然而，如果从脊椎的前面（或背面）看过去的话，脊椎就像是人类身体中的一条直线。

人类身体的这种竖直性与植物界的特征具有一致性。然而，两者可能是互为反演吗？关于这一点的一个重要线索就是人类的生殖器官朝下，位于腰部以下，而植物的生殖器官（花、果实和种子）则朝上。

有趣的是，艺术家们清楚地看出了这种竖直性并且一再地用作品加以表现。

从 2000 年以前的伊特拉斯坎时期的小型塑像（见图 6-23），到近代阿尔贝托·贾科梅蒂（1901—1966）的雕塑作品（见图 6-24），这种对人体竖直性的表现体现出一种新兴的个体化特征。

图 6-23　伊特拉斯坎时期塑像的复制品，塑像中的直线几乎没有被弄断

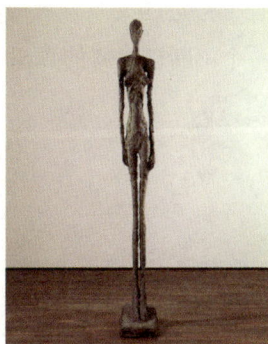

图 6-24　阿尔贝托·贾科梅蒂作品：《站立的女人 III》

6.5 结语

在观察矿物、植物、动物的不同生长方向时，我们看起来就像是在讨论显而易见的事物。尽管我们视其为理所当然，但我真的相信那是有意义的事情。

人是直立的，同时具有"朝上"与"朝下"两个方向：我们抬头仰望天空时，双脚牢牢地踏在坚实的土地上；我们的心灵和意识努力朝向阳光，而我们作为地球生物则稳稳地站在地面上。其他动物则是水平地向前移动，它们的世界基本上平行于地表。

植物具有竖直生长的特性，一种跟人类不完全相同的直立天性。大多数植物的根部会朝地下生长，结出果实的部位则向上延伸。

矿物界对我们来说还是个谜。矿物生长的方向是什么？我们在一些层状结构中看到了水平倾向，但是结晶体这种矿物界中的典型不受单一方向的限制，它实际上会往各个方向生长。我们只能姑且认为平行直线会在无穷远处的平面上相交。那么，我们能将矿物的方向视为从局部的点延伸到无穷远处的外围吗？

在图 6-25 中，从矿物到人类的序列显现出一种激进的再定向特征。人类的直立站姿是一开始就如此吗？在《人类和其他灵长类的发展动力学》（*Developmental Dynamics in Humans and Other Primates*）一书中，作者韦吕勒认为这一点是有可能的，因为每一个物种都是由另一个物种转型而来的，尽管不同类型生物之间需要发生一种相当巨大的转变。图 6-26 显示了韦吕勒提出的反映演化进程的人类胚胎发展过程，旁边的支系发展成动物，远离人类胚胎发展的主线。在生物界中，是否存在一个不断被揭露的真相？这个问题引出了很多种可能性，我们在此不下定论。

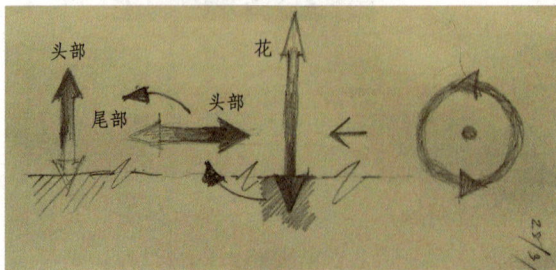

图 6-25　从矿物到人类（从右至左）

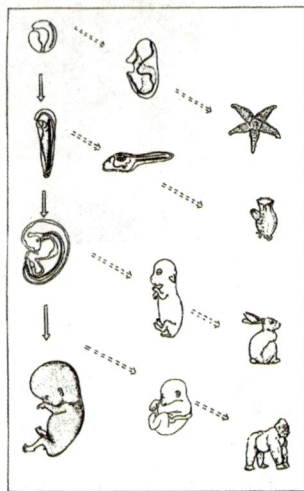

图 6-26　反映演化进程的人类胚胎发展过程及其旁系（韦吕勒，《人类和其他灵长类的发展动力学》，第 341 页）

第 7 章　直线的测度

7.1　直线上的变换

直线是几何世界的核心元素。如同我们前面提到的，每一条直线都包含无穷多个点，同时有无穷多个平面包含此直线。在前面提到的笛沙格定理中，我们看到了一个三角形能被投射成另一个三角形，因此我们也能将一条直线投射成另一条直线。然而，我们能将此直线投射成它自身吗？这样会有什么改变呢？直线本身还是一样，但直线之中的点与包含直线的平面会发生变化。

我们先来看看这么做直线上的点会如何变化：它们全都变换成另一个点，只有两个点除外。这两个点仍然保持一种不动的状态，我们可以称之为固定点。经由下面几个变换步骤，我们可以找到这些固定点。

首先画一条直线（见图 7-1），任选此直线上的一点（见图 7-2，黑点）；然后过此点作任意一条直线（见图 7-3，红色直线），接着在红色直线上任选一点（见图 7-4，红点，该点可看作由黑点平移得到）。

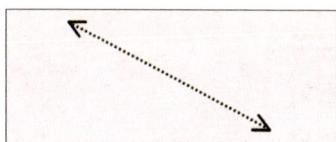

图 7-1　画直线

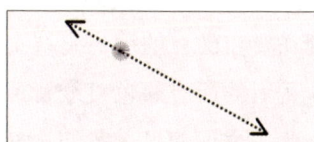

图 7-2　任选一点

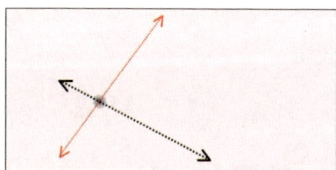

图 7-3　过一点作直线

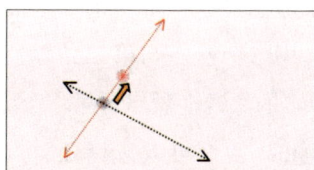

图 7-4　再选取一点

将红色直线绕红点旋转一个角度（见图7-5，绿色直线），绿色直线在不同的位置将原黑色直线分割成两部分，和黑色直线交于一个新的点（见图7-6，绿点）。我们可以将此点看成是红点平移到黑色直线上得到的点。

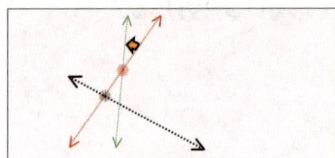

图7-5 旋转

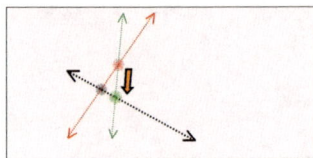

图7-6 画出新的交点

因此，原本的黑点就转换成了同一条直线上的绿点。在这个过程中，我们进行了平移、旋转、再平移。现在将（新的）绿色直线以绿点为旋转中心，任意地旋转变换成另一条直线（见图7-7，第二条红色直线），这两条红色直线会交于一点（见图7-8，蓝点）。这个点相当重要，因为所有的红点都要以它为中心旋转。

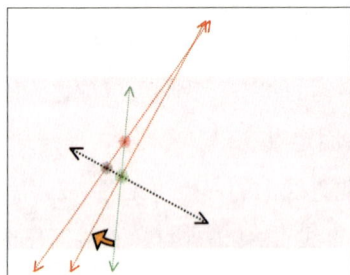

图7-7 再次旋转

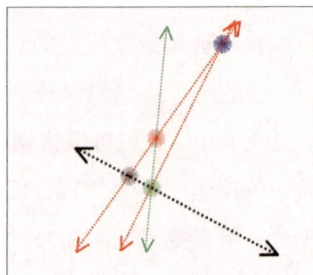

图7-8 两条红色直线交于一点

我们现在要在已有的绿色直线上选择第二个点，让稍后的所有绿色直线皆可以它为中心旋转。为了方便起见，我们选择比较容易作图的位置。接着，以第二个蓝点为中心旋转第一条绿色直线，得到第二条绿色直线（见图7-9，第二个蓝点与第二条绿色直线），这样就在原本的黑线上做出了第二个绿点。

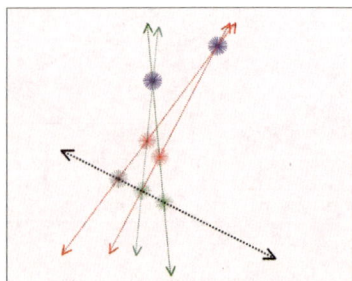

图7-9 旋转得到第二条绿色直线

到此为止，我们可以选择任意点或任意旋转角度，但选择了第二个蓝点之后，其他所有的东西就已经被确定了。

虽然看起来可能还不太像，但是在作图的过程中我们已经能够看出两个固定点的位置了。这两个点由其他直线与黑色直线的交点确定：第一个点为其与（通过两个红点的）蓝色直线的交点，第二个点为其与连接两个蓝点的橘色直线的交点（见图 7-10）。如果我们继续寻找绿点，会发现它们趋近于橘点，每次都会愈来愈接近，但是永远不会和橘点重合，那些红点也是如此（见图 7-11）。我们在最初黑点的另一侧以同样的步骤作图（趋近于橘线），这些点会趋近于它，但是永远不会重合。不过，我们必须注意两者性质上的不同：一个固定点经由两条直线的交点而产生，另一个固定点则由两个点的连接而产生——典型的对偶理论。

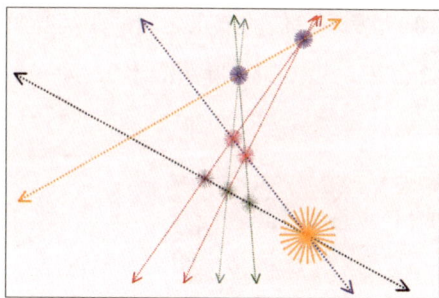

图 7-10　找出两个固定点

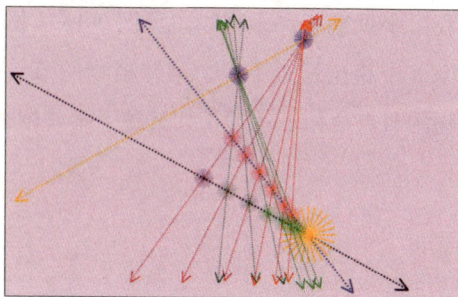

图 7-11　继续作图，红点和绿点会趋近于
橘点

7.2 成长测度

直线上的这一系列点很容易画出来。相较于通过上述错综复杂的过程所画出的点，我们可以简单地画出起始直线，选择（橘）点与（橘）线，接着选择两条（蓝）线（通过橘点）与两个（蓝）点（在橘色直线上），然后选择任意一个起始点（绿色）与一条蓝色直线，将线与两个蓝点分别连接。其余部分依序画下去（见图 7-12）。

通过在连接蓝点而成的蓝色直线间来回穿梭，直线上生成了一系列的绿点，这个序列有时被称为成长测度。在一些较专业的书里，它被称为双曲测度。

我们只画出了在橘点与橘色直线之间的点，但是这个序列在这两者之外也会继续，因为直线是一个连续的整体。外部点如同那些内部点一样被精准地画出来（见图 7-13）。除了两个固定点，整条直线就是由动点构成的单一序列。另外，两个蓝点中的任一点皆有以它们自己的角度反映成长测度的直线束。因此，在这个

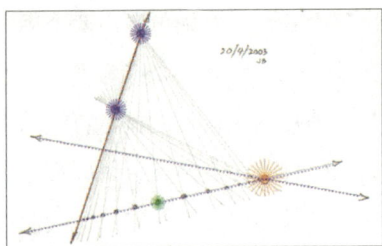

图 7-12　成长测度

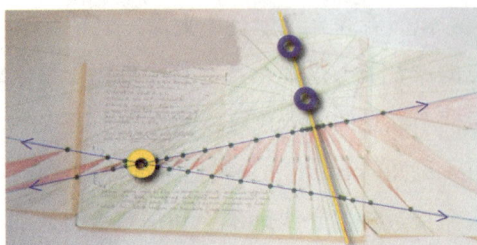

图 7-13　固定点之外的成长测度

基本变换的作图中共有 4 个测度：两个属于点，两条属于线。

　　多年以前，我曾经好奇这些模式是否与竹子茎干上的竹节（见图 7-14）类似。我后来观察了许多植物（见图 7-15 ~ 图 7-18），发现它们的节点之间的距离与整个茎干相比长短不一，某些植物的节点会紧靠在一起（如木麻黄灌木），某些植物的节点会相距较远（如某些禾本科植物）。

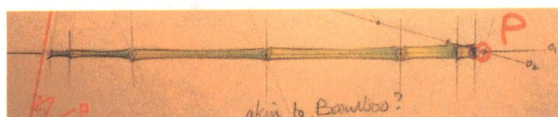

图 7-14　画出竹子的节点

图 7-15　棕榈树　　图 7-16　蓝花楹　　图 7-17　桑树　　图 7-18　竹子

　　有趣的是从几何观点来看，在靠近植物茎干底部的地方，以及部分植物分枝与主干相连接的位置，节点间的距离通常会缩短。我们在棕榈树和竹子中见到了这样的情形（见图 7-19 和图 7-20）。在某些例子里，植物茎干或分枝上端的节点也会靠得更近一些。举例来说，如果你仔细看木麻黄的节点（见图 7-21）或是油橄榄的茎干（见图 7-22），越往上，节点（伴随着一对叶子）明显靠得越来越近。这种生长倾向的另一个有力例证就是竹子的节点（见图 7-23），我们看到节点往上越来越靠近，看起来就像没有终点一样，几乎朝着无穷远处的一个点逼近！

图 7-19　靠近棕榈树茎干底部的节点之间的距离缩短了

图 7-20　靠近竹子底部的节点之间的距离缩短了

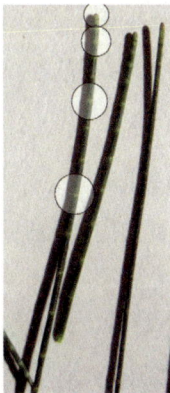

图 7-21　木麻黄的节点　　图 7-22　油橄榄的茎干　　图 7-23　竹子的成长点

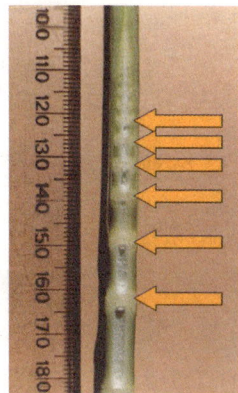

这些例子体现了某些植物节点的生长规律，似乎是对植物生长的测度。通常在植物茎干的两个端点附近，节点会愈来愈靠近；在植物茎干中间的部分，节点间的距离会比较远。尽管我们没有去分析这些节点是否真的是植物的成长测度，但它们看起来确实具有这样的性质。而在上述竹子的例子中，我们甚至可能会问：这个活生生的成长点是否像一个固定点？

从几何学角度来讲，在两个固定点之外，应有更多的点或节点序列。在大自然中，我们能找到具有这一特征的东西吗？在地表下的根系的结构中也许会有某些规律变化的线索，但是研究起来有些困难。然而，我确实注意到了竹子的一些奇妙细节。根的天性似乎偷偷地潜入到茎中：仿佛根部也想要破土而出，不过继续向上探究，这样的倾向就逐渐减弱（见图7-24）。

在光线之下的茎的另一端是花朵与果实的主场，这里可能有某种相当不一样的性质在发挥作用。就像根部一样，花朵与果实的天性（譬如颜色）是否有规律地以某种形式向下侵入叶或茎？这种侵入的情况有一个例子可以证明，就是夹竹桃的花朵以及与它邻近的茎的颜色（见图7-25）。

图7-24　竹子底部的节点展示了某种根的天性

图7-25　夹竹桃花朵的颜色看起来像是渐渐向下渗入茎部

7.3 环绕测度与阶段测度

成长测度不是直线上的点的唯一测度方法，还有其他两种测度：阶段测度（又叫抛物长度测度）与环绕测度（又叫椭圆角度测度）。

在第5章中，我们在建构非对称性的旋转时运用了环绕测度。在此处，过一点 P 的直线皆与另一直线相交，这些交点以一种有序且和谐的形式在此直线上移动（见图7-26）。这些点不是静止的，因此没有固定点。

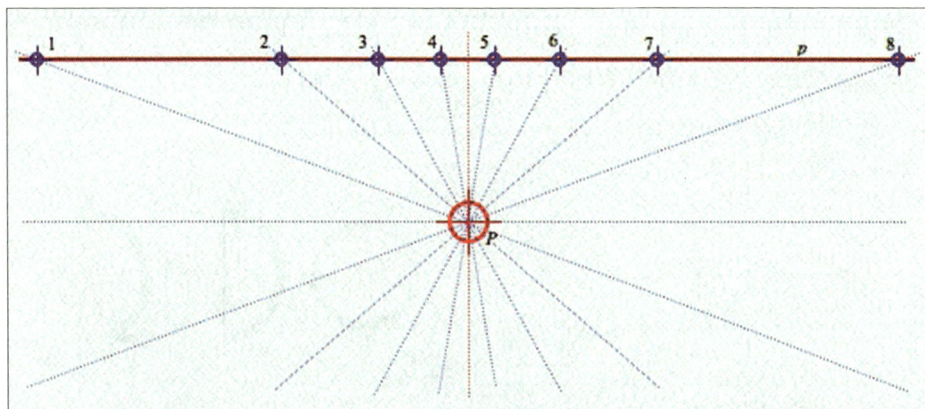

图 7-26　环绕测度中的点

对于阶段测度，我们在稍后的 10.2 节中会再论述。阶段测度是一种特例，此时两个固定点会收敛成一个双重点，且点与点之间的区间在经过射影变换之后可变得等长。所以，任意一条直线皆可有 3 种测度方法。

成长测度：有两个固定点。

阶段测度：两个固定点收敛成一个双重点。

环绕测度：这两个点不会固定不动。

7.4 包含一直线的平面

如同一条直线上有 3 种关于点的测度，在这样的直线上也有 3 种关于平面的测度。在一条直线上，我们必须想象有一叠矩形的平面（见图 7-27），当然每个平面可以无限延伸。也就是说，这些平面中的任意一个在旋转时会扫过整个空间范围。

我们可以通过观察这条直线的端点，用图形概略地呈现出平面的 3 种测度，此时直线看起来就像一个点。在图 7-28 中，左边的图是在环绕测度中显示出的风扇般平面的旋转，每一个平面都在动，没有固定的平面；中间的图体现了一种阶段测度，其中有一个双重的固定平面；右边的

图 7-27　包含同一直线的一
叠平面

图体现了一种平面的成长测度，其中有两个固定平面。图 7-29 展示了这条核心直线的运动情况，黑色的线代表固定平面。显然，平面旋转的方向可以相反。

在植物的各种形态中，我们可以找到与此相关的蛛丝马迹。

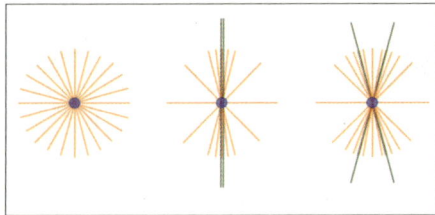

图 7-28 （从左至右）一条直线上关于平面的环绕测度、阶段测度与成长测度

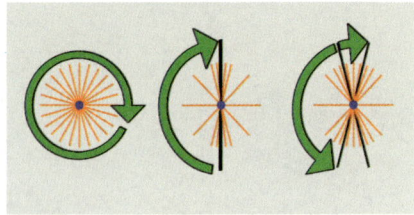

图 7-29 平面的旋转方向

在植物茎干上似乎有一种平面的环绕测度，从茎部延伸出去的分枝或树叶以一种有序的模式绕着它旋转。我个人相当喜爱亨特利的《神圣比例》（*The Divine Proportion*）一书，书中有一张图描绘了这种旋转顺序，图 7-30 是我对它的重新绘制。顺着茎干而上，亨特利描绘了叶基的数目，在一开始的那片叶子之上，将螺旋绕转的圈数设为 p（不算第 1 片），到达相同角度的那片叶子的数目设为 q，p/q 的比值就是此种植物的特征，而且 q 会倾向于是个斐波那契数。这种叶子螺旋回转的排列形式被称为叶序，虽然在大部分的植物学教科书中没有对此进行太多论述，但是它是植物形态构造的基础，在其他几本书中也曾被提及，特别是 19 到 20 世纪的几位作者，如达西·汤普森（1860—1948）、安德烈亚斯·库克（1867—1928）、塞缪尔·科尔曼（1832—1920）与邱奇（1903—1995）。

在此，我们将情况简化，将（竖直的）茎干平面与分枝叶子所在的平面视为一般平面（见图 7-31），就如同我们将节点视为一个点。

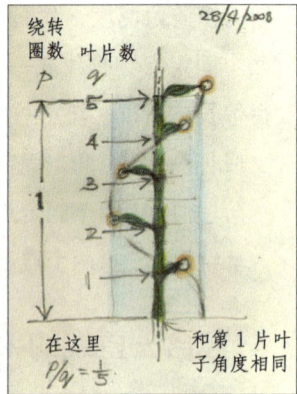

图 7-30 叶序
（参考亨特利的著作所画）

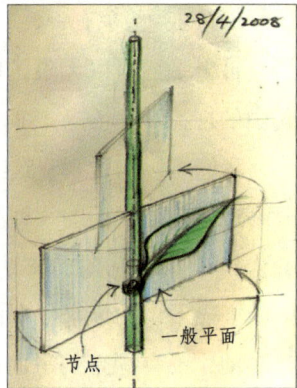

图 7-31 植物的茎与叶

前段时间，我测量了 3 种植物的叶子从茎干生长出来后的连续角度变化（见图 7-32 ～图 7-34），发现这 3 种植物的成长角度都接近黄金角（约为 137.5°）。可惜我不知道它们的名字，虽然它们看起来像是某种多肉植物。

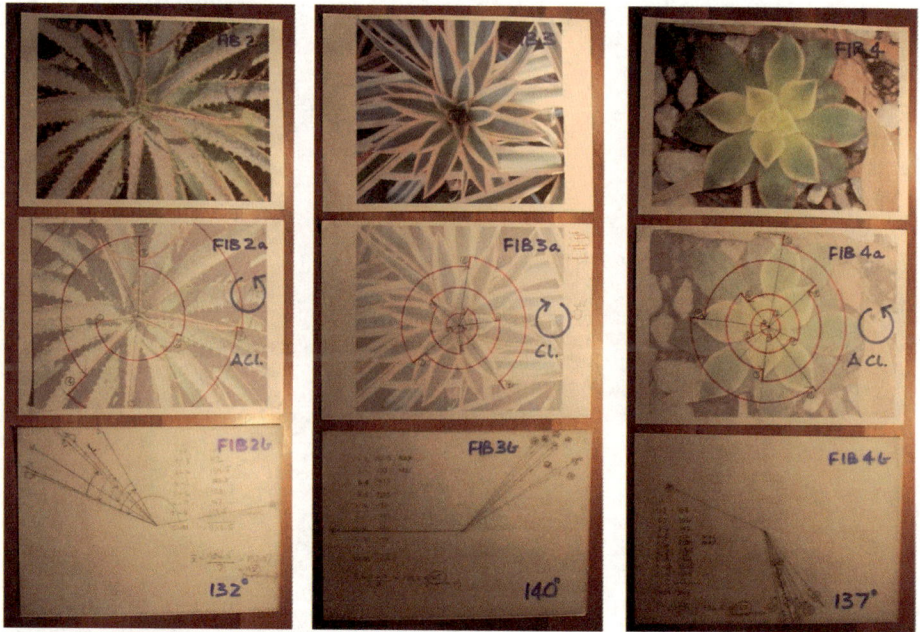

图 7-32　植物叶子成长角度
测量 1

图 7-33　植物叶子成长角
度测量 2

图 7-34　植物叶子成长角度
测量 3

彼得·史蒂文斯在《大自然的模式》（*Patterns in Nature*）一书中描述了黄金角的计算方法，以及它与黄金分割的关系，并且展示了一些螺线图形的布局，这些图形与我曾展示过的一些植物模式相似。他还描述了一种螺线（这种螺线可以用黄金角环绕中心点旋转的方法得到），以及黄金角与几种对旋式螺线之间的关联，这些对旋式螺线中的每一对都与斐波那契数有关。

我们可以说，就植物而言，点与平面都在直线上活动（见图 7-35 和图 7-36），如同节点沿着茎干往上（或往下）平移，叶子或分枝绕着茎干旋转。所有这些在本质上并不相同的运动都同时进行着。

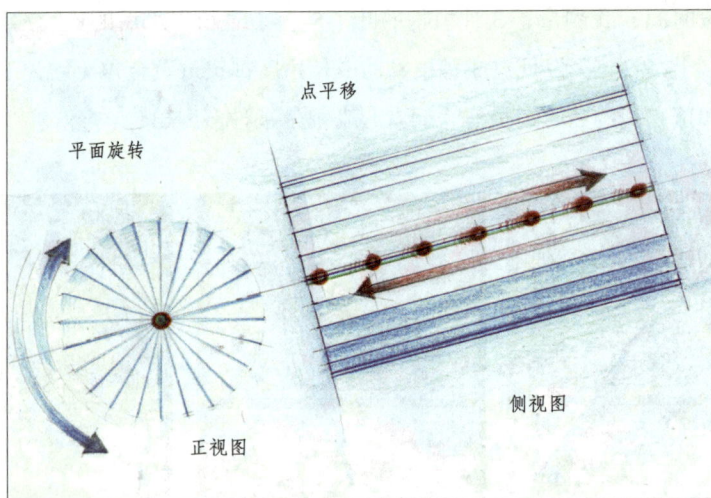

图 7-35　直线上的点与平面的变换的概略描述

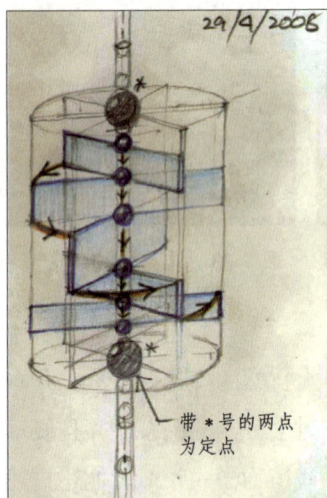

图 7-36　成长测度中点的移
动与环绕测度中平面的旋转

　　这些变换跟动物与人类世界的关系是一个尚待探索的领域，也许跟脊椎上的
"节点"有些相似吧。

第8章　自然界中的螺线

螺线是一种美妙的形状，在自然界中有着令人惊讶的多样性。许多描述自然界形态的书会将鹦鹉螺或其他具有螺线外观的生物的图片用在封面上。螺线有许多不同的类型，包括阿基米德螺线、等角螺线（又叫对数螺线）、双曲螺线等。我们先从最简单的开始了解。

8.1 阿基米德螺线

这种螺线有一个简单的性质：当以相同的角速度旋转时，半径增加的速率也是一样的。如果我们将其称为绳索螺线，那么会更容易理解它的特性（见图 8-1）。

这类螺线不常出现在自然界中。我粗略地寻找了一下，发现有些小小的管状贝类的壳从中间看过去就像是阿基米德螺线（见图 8-2）。

图 8-1　以一捆盘绕的绳索诠释阿基米德螺线

图 8-2　一种管状贝类

8.2 等角螺线

等角螺线会以一种不断增加的速度从中心往外延展，这一点跟阿基米德螺线相当不同。我比较喜欢称它为伯努利螺线——以瑞士数学家雅各布·伯努利（1654—1705）的名字命名，伯努利称此螺线为美妙的螺线。

这种螺线的形式是大自然中的众多产物与现象的基础，图 8-3 至图 8-6 是其中的一些例子。或许可以说，所有植物都以某种方式展现这个形式，不论它是多么难以理解。无数的贝壳类、蜗牛类生物都展现出了这个螺线形式，还有向日葵、旋涡、气旋的螺旋式上升云与广大的星系等。它甚至会无预期地出现，如老鹰逼近猎物的方式，因为老鹰的视线与飞行方向会维持一个固定的角度。

图 8-3　发旋　图 8-4　突尼斯的蜗牛壳　图 8-5　菊石化石　图 8-6　植物外缘的尖刺

　　这个螺线是如何呈现的？为什么会是等角的？因为这个螺线每旋转一个相同的角度，总是与通过旋转中心的直线形成一个等大的夹角（见图 8-7），所以称它为等角螺线。也就是说，所有绕着螺线的切线都与通过旋转中心的直线保持相同的角度（就像老鹰的飞行路线）。所以，作为平面上的一条曲线，这种螺线形式是从中心的一点极力往外扩展，趋近无穷远处的直线。与此同时，向内的几何构造永远不会到达中心的点。

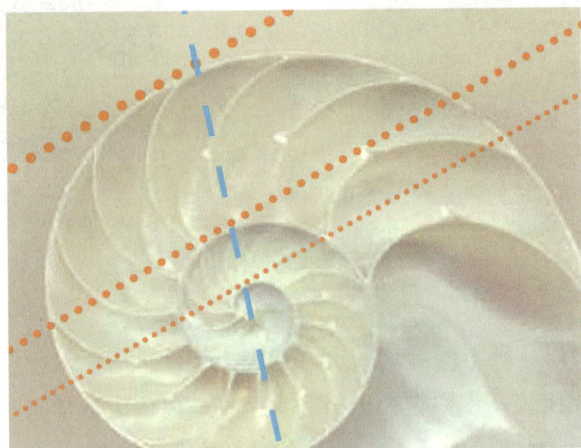

图 8-7　鹦鹉螺腔室的轮廓线（注意蓝色的虚线经过了中心点，且3 条橘色虚线为切线，它们彼此平行且与蓝色虚线有相同的夹角）

8.3　一般螺线

事实上，等角螺线与一般曲线相去甚远。我比较喜欢称平面上的一般螺线为螺旋线，它更符合实际情况。一般螺线可以由平面上的两个几何元素构造而成，这两个元素就是点与直线，如图8-8 中的黄色圆圈 O 点与蓝色直线 o（点与线）。

下一步，我们要选择过 O 点的直线族与直线 o 上的点族，使两者彼此连接。过 O 点作一束直线，并且让它们之间间隔同样的夹角（如20°），或许有人会称这样的一束线为星形（见图8-9）。这束直线必定与直线 o 相交，因此在直线 o 上做出一系列的点，每条蓝色直线与它相对应的蓝点由左至右分别命名为 1，2，3，…，它们被称为点 / 线对（见图8-10）。在图中可以看到点 / 线对 1~7，8 在图的边缘，而 9 则在无穷远处。

在这个结构中，我们造出了一个场域或架构。现在，我们插入一个点 / 线对 Aa 在这个迷你场域中，看看它会怎样移动（见图8-11）。点 A 恰巧在直线 4 上，而线 a 恰好过点 8，但这是随机的。现在，我们让 Aa 在此场域中移动，点 A 只能在直线上运动，而直线 a 仅能绕点旋转。也就是说，A 可以平移成其他直线上的点，像是 3 或 5，我们在此取 3 好了，因此点 A 平移成点 B。

接着直线 a 绕 B 点转动，变成直线 b，并且通过 7 号点（见图8-12）。

接着重复这个过程，我们可以得到 Cc，Dd，Ee，…，从而得出一条曲线，或者可以说是一条曲线上点 / 线对的所有变换。这条曲线被称为路

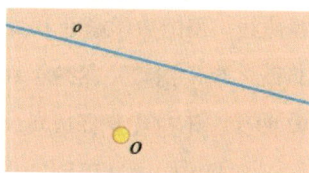

图 8-8　点与线

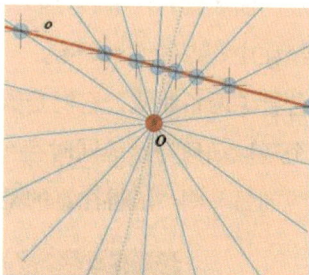

图 8-9　画直线

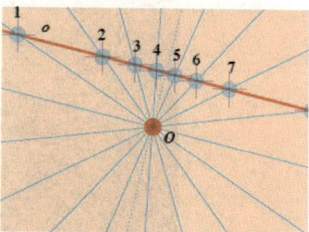

图 8-10　点 / 线对

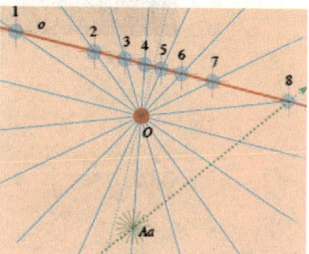

图 8-11　插入点 / 线对 Aa

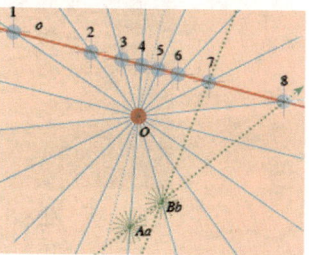

图 8-12　旋转直线 a

径曲线。德国数学家菲利克斯·克莱因（1849—1925）与挪威数学家马里乌斯·索菲斯·李（1842—1899）在 19 世纪时发现了这个理论，在德国路径曲线被称为 W 曲线，不过在翻译成英文时出了点小错误，现在就被译作了路径曲线。

由上述构建过程创造出来的曲线就是我所称的螺旋线，这条由点／线对所生成的曲线具有往中心点 O 无限趋近的趋势。事实上，就像等角螺线一样，它会持续往中心点 O 旋转环绕，但永远不会到达中心点（见图 8-13）。图 8-13 中实际上包含了两条曲线，它们是覆盖整个平面的一个完整场域的开端。图 8-14 显示了这个场域如何巧妙地同时存在于直线 o 的两侧——这些曲线通过无穷远处后回到直线的另一侧。值得注意的是，这里构建出来的螺线是不对称的。

图 8-13　复杂的螺线

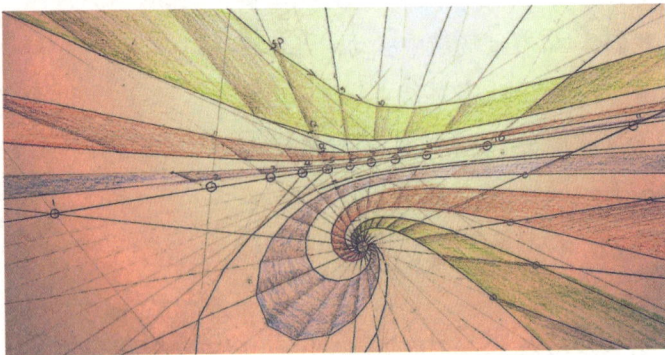

图 8-14　同一个场域中更大范围内的螺线

8.4 构建等角螺线

在大自然中，我们常常可以发现规则螺线的踪迹。要构建这样的规则螺线很容易，只要将直线 o 移到无穷远处，同时保持点 O 在中心位置。要画出这条曲线，我们最好使用一张 A3 大小的纸、一把圆规、一把长一点的尺子、一个量角器和一支削尖的铅笔。

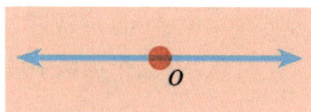

图 8-15　画点和线

在这张纸的中心位置标出点 O，通过这个点画一条水平线（见图 8-15）。从这条水平线开始，利用量角器每隔 20° 作一条过 O 点的直线（见图 8-16）。接下来，我们在图中加入一组绿色的点 / 线对 Aa，点 A 必须在这些蓝线中的某一条上（假设在线 2 上），且线 a 必须平行于蓝线中的某一条（假设为线 4），如图 8-17 所示。图中的线 a

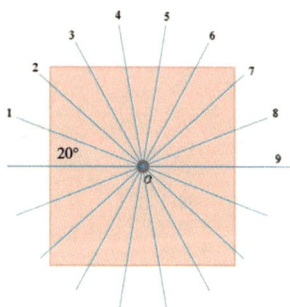

图 8-16　每隔 20° 画直线

必须与蓝线平行，因为它必须过无穷远直线上的一点——设为点 4（在无穷远直线 o 上，此直线以红色的虚线圆表示）。

让点 A 平移到点 B（在线 1 上）的位置，且旋转直线 a 直至其与直线 3 平行，标示为线 b。此时得到另一个点 / 线对 Bb。重复这个过程，得到点 / 线对 Cc，使直线 c 平行于直线 2（见图 8-18），之后得到直线 d 平行于直线 1，以此类推。经过重复的平移与旋转之后，我们就可以看到一条曲线被逐渐构造出来了（见图 8-19）。

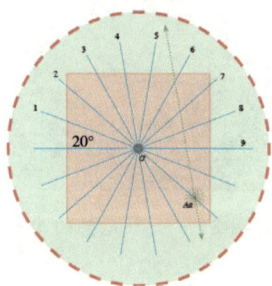

图 8-17　加入点 / 线对 Aa

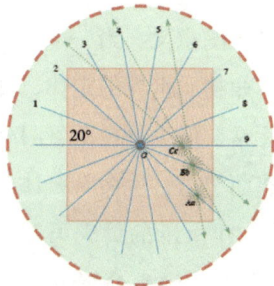

图 8-18　画出直线 c

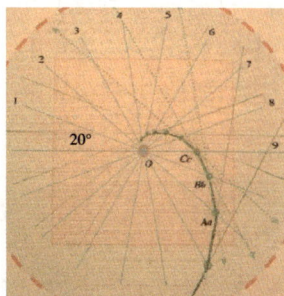

图 8-19　一条规则螺线

通过这些步骤，我们看到一个等角螺线的形式浮现出来，并以逆时针的方向旋进中心点 O；或者，我们也可以将这个过程反过来，它就会由中心点向直线 o 旋出，但这需要花很长一段时间！

当然，在这个场域中可以构建出许多螺线，其中的某些螺线显示在图 8-20 中。

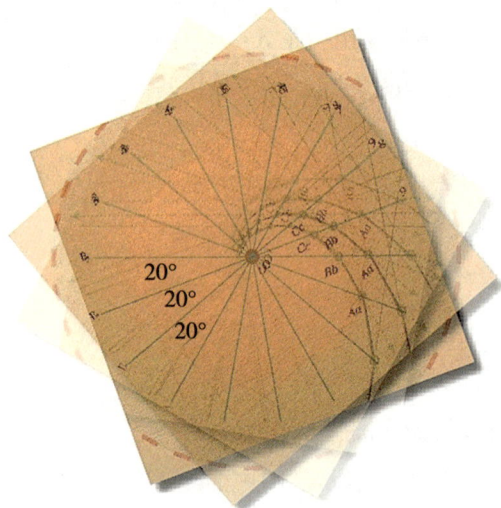

图 8-20　一个螺线场域的开端

8.5 平面上的大自然螺线

人们常问的一个问题是，生命是如何从无生命的物质演变而来的，但我们更应该问的是，无生命的物质为什么是生命过程的产物。这显然涉及物理定律，但这些定律似乎违背了生命真正的意义。当一个有机体死亡时，它就会屈服于无生命物质世界的定律，然后开始瓦解。尽管环境变幻无常，但生物在活着时似乎就该持续地为追求理想形态而努力。生命有机体为了具有几何形式而努力。图 8-21 所示的贝壳虽然不是十全十美的，但无论如何它是展现生命形式的典

图 8-21　一个完整的贝壳

范。举例来说，一个小小的贝壳可能已经磨损或破碎了（见图 8-22），但是我们

立刻就能看出它曾经是一个生物体的壳，它的形态所揭露的不仅仅是钙含量。通过与生俱来的动态几何形式，我们看出生物体不同于衰变且混乱无序的矿物，它的产生是因为生命，而不是死亡。

图 8-22　一个破碎的贝壳

我们可以预想一个有机体的形态会经历无数次的瓦解，然而它总是能够惊人地恢复。就像我们在图 8-23 中看到的，这是一个曾经破损又修复了的贝壳。这个贝壳有助于我们思考它只是再次进入了与生俱来的形式场域，而这个形式场域对物种来说是独一无二的，它为此努力奋斗，而且还做得相当好。

物质的表现形式可以多么接近理想形式呢？我们接下来分析一下菊石化石。它呈现等角螺线（或称为伯努利螺线）形态。图 8-24 中的化石形态实际上是一个平面螺线，所以它是分析菊石化石的好选择。

图 8-23　一个破损后又修
复了的贝壳

第一步就是假设某种尺寸的等角螺线可以用来描述这个化石形式的平面截痕。第二步就是估计这个化石的中心点，每一个这样的螺线都有一个中心点，这里我们称它为中心 O。第三步则是建立一个坐标系，不同于一般的直角坐标系，我们在此选择极坐标，因为它能够更好地处理旋转图形。图 8-25 中显示了一种 30° 间隔的直线的辐射排列形式。接下来，标示出某些数据点，这些点为辐射状直线与螺线轮廓线的交点。每一圈标示出 12 个点，这些点同样是推算出来的。

图 8-24　菊石化石

图 8-25　叠加上极坐标与数据点

在此，我运用了 8.4 节介绍的技巧去描绘一个推算的螺线。这个技巧发展出点 / 线的移动，以构建出规则的等角螺线。如图 8-26 所示（与之前所用的图相同），选择一个点 / 线对 Aa，我估计这条线应该与从中心辐射出来的直线呈 79° 的夹角。因此，从 A 点开始，保持与每一条辐射线的夹角为 79° 来旋转这组点 / 线对（见图 8-27）。

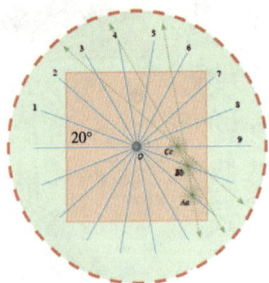

图 8-26 构建规则等角螺线

图 8-27 估计螺线的角度

继续这个过程大约半圈之后，我们就可以得到 6 个选定的数据点。

我们选择的角度没有太奇怪是个好现象，以这个值作为估计，比对实际的螺线轮廓与通过几何形式构建出来的等角螺线的差异就不会太困难。

我编写了一个简单的程序用来绘制这条螺线（见图 8-28）。在图 8-29 中，我

```
r =  91.7
r =  87.928359
r =  84.311846
r =  80.844081
r =  77.518947
r =  74.330575
r =  71.273342
r =  68.341854
r =  65.530939
r =  62.835637
r =  60.251193
r =  57.773049
r =  55.39683
r =  53.118347
r =  50.933577
r =  48.838668
r =  46.829923
r =  44.903798
r =  43.056895
r =  41.285955
r =  39.587855
r =  37.959598
r =  36.398311
r =  34.901241
r =  33.465745
r =  32.089292
r =  30.769452
r =  29.503898
r =  28.290396
r =  27.126806
r =  26.011074
```

图 8-28 以简单的计算机程序计算半径值

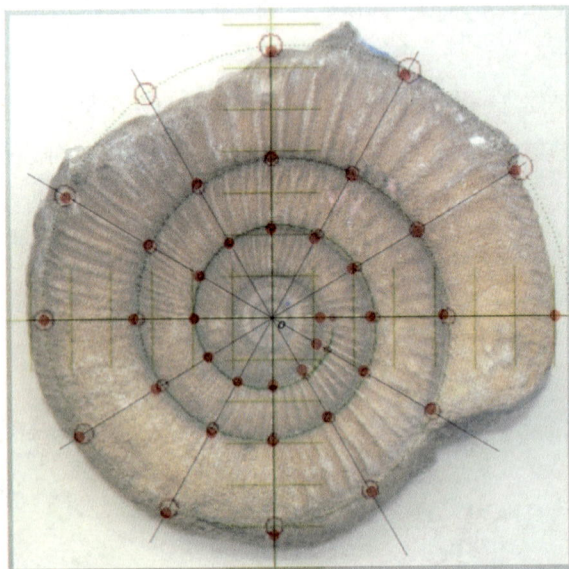

图 8-29 实际的数据点（红点）与估计数据之间的吻合情形

们很容易就可以看出数据点（红点）与计算出来的点（红圈）之间的关系。当我们朝中心看去，数据点开始加速旋转。总的来说，考虑所有估计的数据后绘制出来的螺线算是相当符合几何学特征的。当然，或许这个化石破损的外缘处的螺线并不是真正的外缘的轮廓线，也许从更进去一点的地方开始会有更符合的结果。然而，这个初步的研究表明，这类方法很值得在其他工艺品上推行。

前些时候，我检验的另一个例子是著名的鹦鹉螺，在此展现的是来自澳大利亚科学院一张海报上的 X 射线图片，如图 8-30 所示。同样，关于鹦鹉螺外壳的数据点都是估计的，而且无法确定照射这个海螺壳的 X 射线是否与视线对齐，以及这个截面是否准确地通过壳的正中央。尽管如此，它看起来依然相当不错且十分值得分析。

数据点从海报中收集而得，并在海报背面以红色标示（见图 8-31）。紧接着，我估计了中心点的位置并计算出一些新的点。这些通过计算得到的点以绿色标示在一条通过这些点的手绘路径上，它们看来相当吻合。或许这类分析已经被做过上千次了，但是我认为看到实验结果再次吻合也很不错。

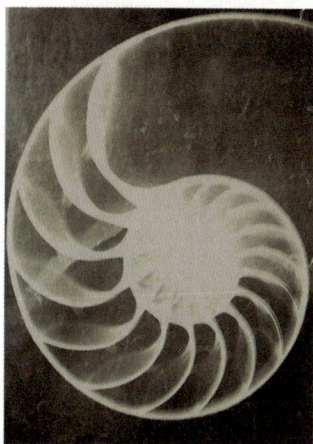

图 8-30　鹦鹉螺的 X 射线截面（摘自澳大利亚科学院的海报）

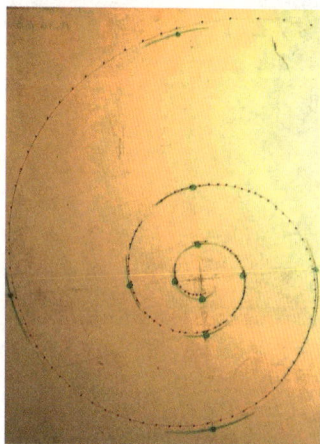

图 8-31　由鹦鹉螺壳的数据点（小点）计算出的新的点（绿色）（因为这些点画在海报的背面，所以这个结果是相反的影像）

第三个例子是左旋香螺（见图 8-32 和图 8-33）。这个螺壳实际上是锥形的，因此我检验的是一张平面投影的照片，即垂直于长轴方向的投影。依据上述方法绘制而成的图 8-34，再一次验证了这个例子的实际点与计算点之间相当接近。最终结果如图 8-35 所示。要注意的是，计算出来的螺线似乎沿着突起处的内侧进行旋转，这些突起像是会被下一次的旋转所覆盖。善于观察的读者可能已经注意到螺线旋转的方向是逆时针，这对海螺而言是普遍现象吗？请读者自行观察。

图 8-32　左旋香螺（从侧面看）

图 8-33　左旋香螺（从端点看）

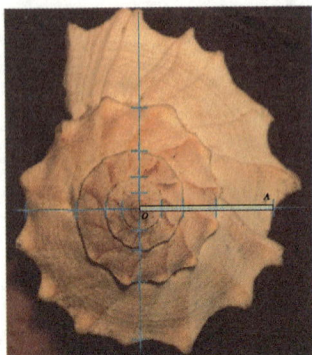

图 8-34　标示中心、初始的
轴线与数据点

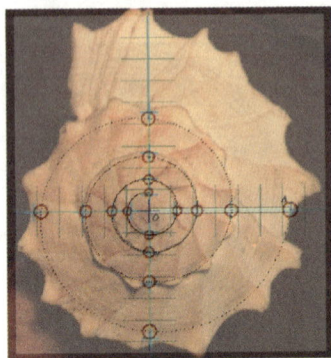

图 8-35　实际点（蓝线）与计
算点（红圈）相当接近

长久以来，数学家们一直对大自然中的螺线十分着迷。20 世纪早期，曾有大量图书论述过这个主题，如安德烈亚斯·库克的《生命的曲线》（*The Curves of Life*）、达西·汤普森的《论生长与形式》（*On Growth and Form*）、詹姆斯–贝尔·佩蒂格鲁的《大自然的设计》（*Design in Nature*）与塞缪尔·科尔曼的《大自然的和谐一致》（*Nature's Harmonic Unity*，见图 8-36）等。

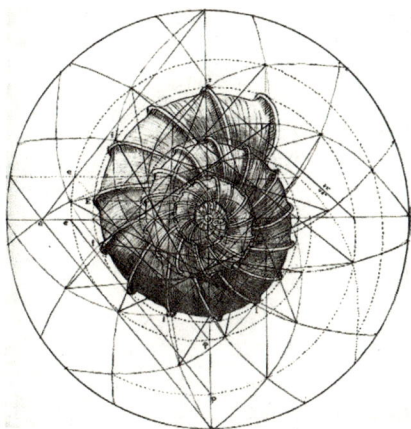

图 8-36 摘自塞缪尔·科尔曼的《大自然的和谐一致》

8.6 一点上的二维性

到目前为止，本章论述的所有几何形式都位于一个平坦的、无限延伸的平面上，换句话说，它们都是二维的。从射影几何的角度来看，在有了平面上的点与线的基本元素后，可以考虑极坐标图像（如同 2.7 节中所讨论的）以及在一个点上的平面与直线元素，这是另一种二维性。我们通过这种方法发现了各种由平面与直线构成的形状。它们很难想象，甚至也很难描述，但是我在图 8-37 中尝试着画了一个图像。这类二维性的进一步示范展示在图 8-38 中。

图 8-37 在一个共同点上的平面与直线的成长测度

图 8-38 从单一点辐射出去的由平面与直线组成的六边形网络

平面上最简单的图形就是三角形，当然也有一类三角形构建在一个点上，图 8-39 展示了它的样子。请注意，在蓝色平面上有一个一般的三点三线构成的小三角形，这是我们经常会看见的三角形，而那个横跨在空中、看起来像角锥的图形则不常被视为"三角形"。这个逐点而成的三角形事实上就是蓝色的点 P 与由它而得的 3 个平面以及 3 条直线构成的，而且显然它会在这个点的两侧无限延伸。为了"看到"这个不熟悉的图形，我们必须截取一个平面（在此我们看到了熟悉的三角形）。

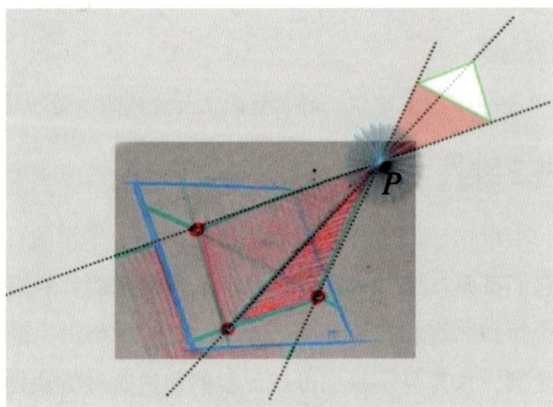

图 8-39 在一点上的三角形

利用截面去展现这个逐点而成的结构是很有效的方法，我们后面还会多次使用到。

在十二面体（见图 8-40）的结构中，有一个直线与平面的结构能描述通过一个共同点的有限二维排列。为了让它变得可见，我们再次截取了一系列看起来像五边形构造的横截面。实际上，这些五边形相当于在相同半径的地方阻断了从中心点辐射出去的线而得到的，并且我们能够清楚地看到它的样子（平面元素的部分阴影也有帮助）。这个形状跟病毒的结构相似，为数众多的病毒大多都有十二面体（或二十面体）的基底，也许这种微小的有机体代表着某种遥远的、无限力量的聚焦点。

图 8-41 描绘出了这两种二维性在对照着看时所呈现出来的固有的对偶性。直线 l 绕着点 P 旋转，与此圆锥的横截面 π 交于一圆。值得注意的是，这个圆锥同时在点 P 的两侧延伸，如同我们在三角形构造中所看到的。

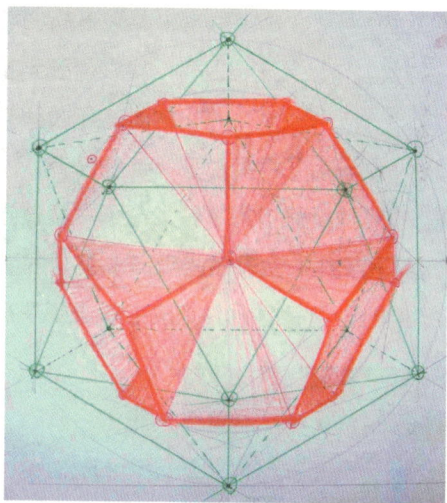

图 8-40　构成十二面体的点

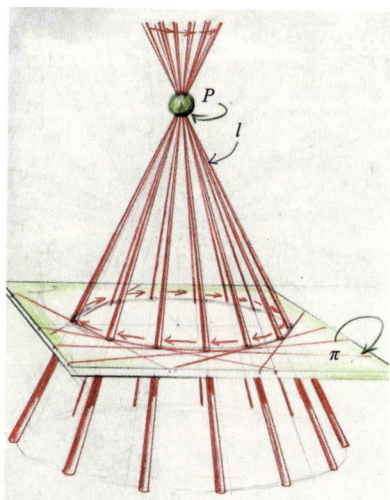

图 8-41　圆锥的母线

我们能够在一个平面中想象一个椭圆的样子，并利用它上面的点或切线作出椭圆。同样，我们也可以构想一个由通过一点的一束直线或一叠平面所构成的椭圆。图 8-42 展现了平面上的椭圆和椭圆锥，这种对偶性必定可以应用到螺线或其他任何的平面图形上。

我们是否在大自然中看到过这些逐点所成的二维辐射线或平面（例如图 8-43），甚至是由点构成的螺线呢？图 8-44 与图 8-45 回答了这个问题，因为这些星芒状的植物的叶片看起来像来自同一个点。我们熟悉的蒲公英也可以做出这类诠释。这些例子表明，"星芒"有可能真的是从稍微分开但视觉上看起来几乎重合的节点扩散或辐射出去的，这样的倾向在星芒状植物上表现出来，即使就几何形式而言它们表现得可能并不精准，如图 8-46 所示。

图 8-42　平面上的椭圆和椭圆锥

图 8-43　由点与平面构成的星形

图 8-44　植物 1

图 8-45　植物 2

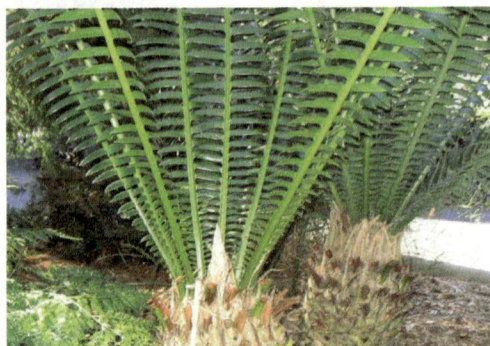

图 8-46　苏铁的叶子呈现辐射状

8.7 一点上的自然螺线

在一个点上的螺线是什么？这个问题很难回答。我还没有找到一个简单的方法可以用来确定从单一点辐射出来的有机体的形态。尽管如此，这依然值得我们努力，毕竟从几何角度来说，由点形成的螺线是任意平面螺线的配极。事实上，左旋香螺与其他贝壳类的锥体外观上就有相关的线索。

从这个观点看来，大自然中无疑有逐点而成的锥体存在的证据。这些锥状贝壳有多接近圆锥呢？大部分很接近（见图 8-47 和图 8-48），但也有例外。当然，严格来说我们只讨论了半个圆锥，因为贝壳显然不会在起始

图 8-47　3 个摆放在一起的褐斑笋螺（交接处近似于一条直线，因此接近于真正的圆锥）

点的两端同时生长。

　　图 8-49 和图 8-50 中的两个没有直线边缘的贝壳可能仍然满足点的形式，但就另一种性质来看，它们可能更倾向于椭圆形或旋涡的形式，我们留待下一章讨论。

图 8-48　钟螺科的贝壳（从上方看跟圆锥相当接近）

图 8-49　这个贝壳的曲线略微凸出来，它表明不是所有的贝壳都是真正的圆锥形式

图 8-50　这个稍微有点凹的轮廓线同样是个例外

第 9 章　三维的射影几何

9.1 最简单的三维形式

如果我们用最常见的一对一射影变换将整个三维空间映射成它本身，那么可以证明一定恰好有 4 个点进行的是自我变换。

任意 3 个点确定一个平面（包括三角形），因此空间中的任意 4 个点必定能确定最简单的三维变换形式。事实上，它就是一个四面体，或是一种角锥。一个四面体有 4 个点（顶点）、6 条线（棱）和 4 个平面（面）。

数学家处理两种数字：第一种是我们每天使用的数字，包括整数、分数与小数点后有无穷无尽个数字的无理数（如 π），这些数被称为实数；另一种数则被称为虚数，诡异的是（实际上难以想象）它们是负数的平方根。

回忆一下，–1 的平方是 +1，但我们不可能得到一个平方数是负数。

然而，数学家却使用了这样的数字（以 i 表示）。在射影几何中，实数等价于实点，此时虚数有所谓的环绕（圆周）性质。我们稍早之前所用的环绕测度就是有虚数的一种代数性的测度。就像实数的平方根一样，虚数总是成对出现。例如 16 的平方根为 +4 和 –4；同样地，–16 的平方根为 +4i 和 –4i）。

回到四面体，它有 3 种基本类型（同样有一些特殊例子）。

首先是全实四面体（见图 9-1），它有 6 条实线、4 个实点与 4 个实平面。在图 9-1 中，我用一个小正方形框住了这 4 个不变点，作为它们固定性的标识。

第二种为半虚四面体（见图 9-2），它有两个实点、两个虚点（或环绕点）、两个实平面与两个虚平面（或环绕平面）。这有点像是复合形式：一种固定元素与移动元素的复合。在图 9-2 中，我们看到在竖直线上有两个固定的绿点，而另外一条水平线上有两个固定的绿色平面。同时，图中的水平线上有两个代表虚数的、可移动的红点（以相反方向环绕），竖直线上有两个旋转的红色平面。

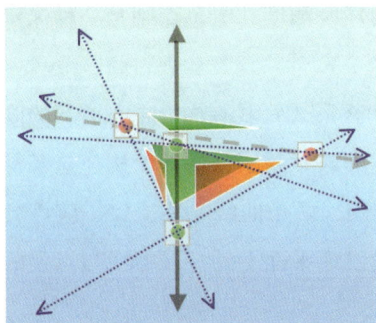

图 9-1　全实四面体

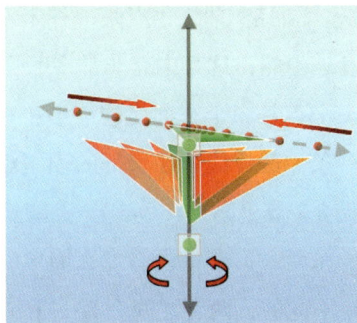

图 9-2　半虚四面体

第三种为全虚四面体（见图 9-3），除了两个实点之外，它所有的东西都在旋转。也就是说，叠片状的平面在两条直线上旋转（分别为顺时针与逆时针方向），点也规律地在两条直线上（双向）移动。另外的 4 条直线连接 4 个（虚）点与平面，它们也在移动，不过为了避免过度拥挤并没有在图中显示出来。

这 3 种四面体都很重要，但复合形式的半虚四面体比较特殊，这一点我们稍后会看到。

让我们先来看一个复合形式的例子，其中两个实点在竖直线上，两个环绕的点在水平线上。当然，我们可以选择让这两条直线互相垂直。我在其中一条直线上设定成长测度，另一条直线上设定环绕测度（这确实可行）。这两条直线上的固有测度粗略地显示在图 9-4 中，这种测度尚未被详细说明过。固定的元素以黑色或灰色显示（两条直线、两个点与两个平面），点的测度只显示在两条直线上

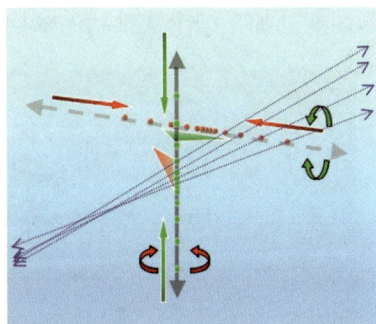

图 9-3　全虚四面体

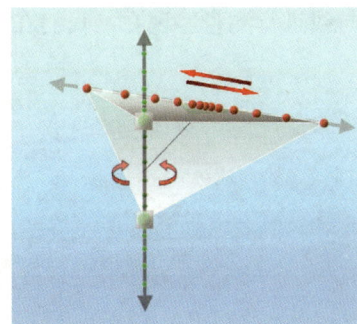

图 9-4　半虚或复合形式四面体
　　　的移动规律

（以避免过度拥挤）。红色点是一种未定的环绕测度，绿色点则是一种未定的近似成长测度。当然，这其中有非常多的变化。

在一个点和一个平面之间能够生成什么形式？我在图 9-4 中顶部的固定平面上加入一条一般螺线，在底部的固定点上加入一条圆锥螺线（构建这条螺线的方法可参见 8.3 节，亦见图 9-5）。我猜想如果这两条曲线互相交错，应该会得到某些有趣的东西，但事情没有那么简单。我发现平面上的一般螺线与点上的圆锥螺线必定是不同的，两者之间会有一个位移。

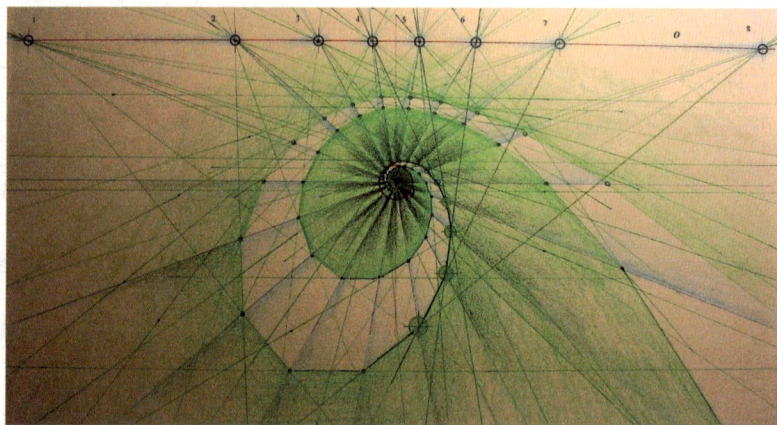

图 9-5　一般螺线的构建

首先，画出两条直线（显示为橘色），在水平线上有一个任意的环绕测度（见图 9-6）。紧接着，在通过顶部端点的顶部平面上画一条螺线（见图 9-7 中的绿色线），如同在 8.3 节中描述过的，它是平面上的点和线之间的点 / 线对的路径，同时对点与线进行测量。现在，我们在底部端点处加上一个圆锥状的螺旋体（见

图 9-6　画出两条直线

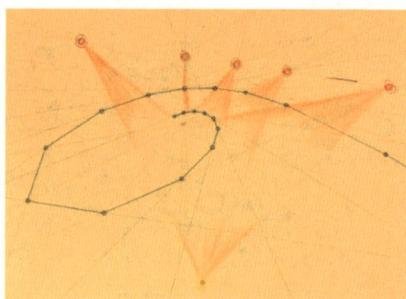

图 9-7　画一条螺线

图 9-8)。在此，我们有了一条平面螺线和一条圆锥逐点而成的螺线，即一条圆锥螺线，但是它们是不同的且彼此不相交。

下一步有点复杂。这两个二维图形在图 9-9 中结合，显示出点、线、面三位一体如何在这个结构中移动，产生一条精妙的曲线。选择一个任意的起始点，设为点 R，让它沿着线 s 平移到点 S 处；接着线 s 在它的平面中旋转到线 t；然后这个平面沿着直线 t 横扫变成平面 Σ（见图 9-10）。我们只需重复这个三位一体的移动过程，就可以注意到它绕着中心的垂线一直向下移动并朝向底部端点而去。

如果移除掉所有后来构建的直线（两条初始线除外），这种"平移—旋转—横扫"运动产生的曲线就变得非常清楚了（见图 9-11）。这条曲线拥有美丽的形态，它始于无限宽阔的顶部平面，沿着垂线旋转并朝向底部的端点而去。这条三维曲线即是复合四面体的一般形式。

图 9-8　画出螺旋体

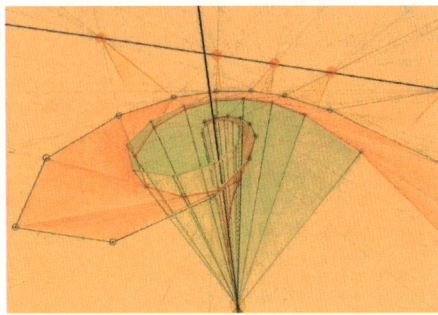

图 9-9　点、线和面的结合

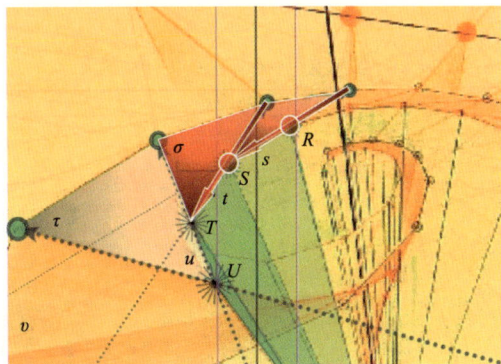

图 9-10　构建一个类旋涡的形式

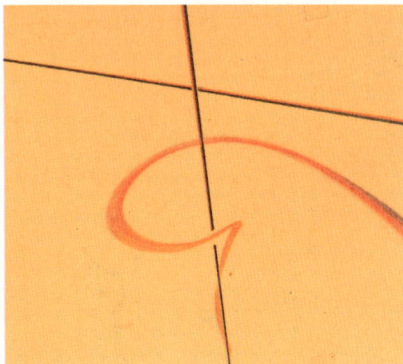

图 9-11　一般的三维曲线，看起来像是一种旋涡

9.2 空气旋涡与水漩涡

我们接着来看看复合四面体的一个特殊例子，其中的两个实点可以彼此取代：一个是无穷远处的点，一个是近地面的点。两个虚点位于无穷远的水平实线上。在图 9-12 中，作为整个结构核心的两条基本实线离得相当远，我称这两条直线为 a 与 z。图中直线 a 是垂直于地面的，而直线 z 是位于无穷远处的水平线；在直线 a 上，有一个点 B 位于较低的位置，有一个点 A 位于直线上方的无穷远处。而水平面 β 通过 B 点。现在想象点、线、面三者在这个空间中移动，它们会在一系列美丽的、非对称的旋涡曲线上移动，沿着直线 a 旋转并朝向直线 z 而去。爱德华兹称这个旋涡为空气旋涡，以便与我们下面要描述的水漩涡相区别。

为了画出水漩涡，对于一些关键元素要采用相反的规则。在图 9-13 中，点 B 与所在的平面 β 下降到无穷远处，点 A 与其所在的平面 α 登上中心舞台；直线 a 移到无穷远处，直线 z 为图形的中心且与直线 a 垂直。我们必须结合剖面图与平面图来看看这一结构是如何运作的。从平面图上看它是个等角螺线（见图 9-14），而从剖面图看它是个双曲线场（见图 9-15）。我们可以从图 9-15 中再次看到沿着所有轴的成长测度。将图 9-14 和图 9-15 交互放在一起，一条美丽的曲线出现了，这就是水漩涡。在图 9-16 中，螺旋曲线被凸显出来。

爱德华兹说过："这是现实中可能存在的最大四面体，不会再有更大的了。

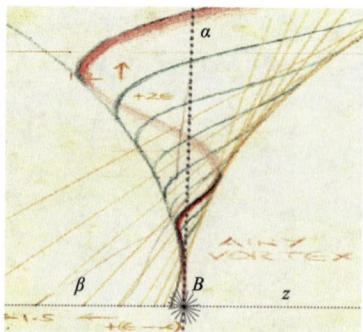

图 9-12 空气旋涡

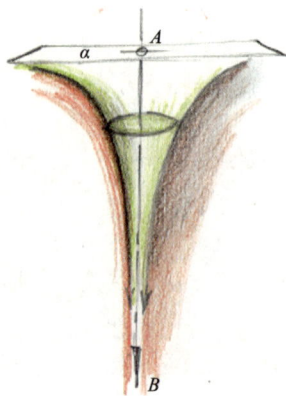

图 9-13 水漩涡

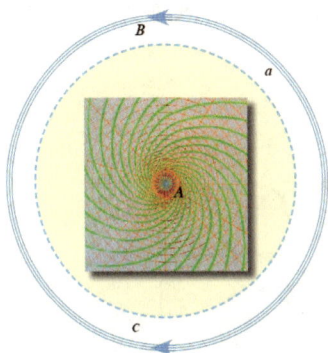

图 9-14　平面图

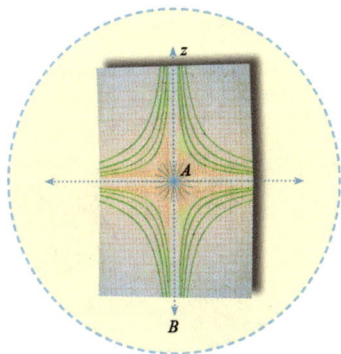

图 9-15　剖面图

它横跨整个空间，在我最不乏想象力的时刻，我将它命名为宇宙四面体。"（摘自《生命的旋涡》，第 151 页。）图中仅画出了变换的一半，另一半当然在水平面之上，我只呈现出了其中一个表面，实际上它有无穷多个表面。

　　我个人对这种形式的兴趣主要源于我在自家后院做的一个试验，试验目的是检测真正的水漩涡与几何上的水漩涡是否相同。我曾寄过一些在有机玻璃容器中产生的水漩涡的照片给爱德华兹，当时我的工作允许我做这些事（见图 9-17）。

　　爱德华兹分析了这些照片，并且与我分享了他的结论。他发现这些轮廓线确

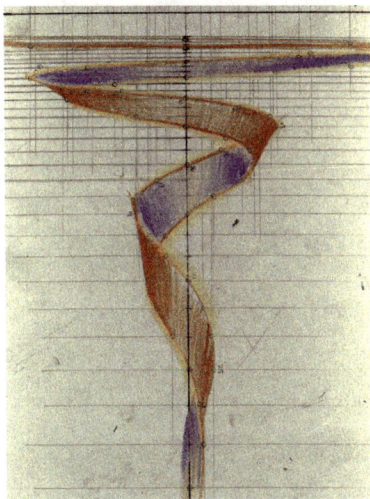

图 9-16　凸显螺旋曲线的水漩涡

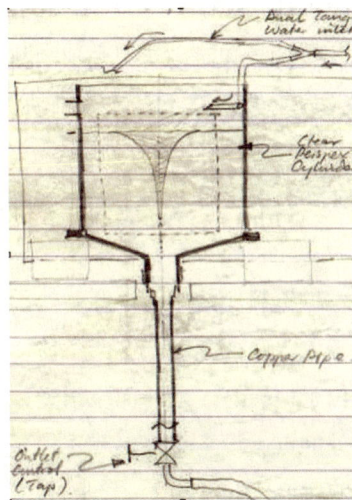

图 9-17　获取水漩涡的试验
装置示意图

实非常接近路径曲线的形式，虽然不同的水流速度会获得相当不同的外部轮廓线（见图 9-18）。这一点相当令人振奋。

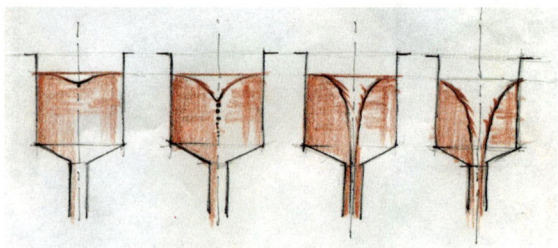

图 9-18　不同水流速度下的水漩涡

爱德华兹寄给我一张他根据其中一张照片所描绘的轮廓线图，以及通过计算所得的轮廓线的复本（见图 9-19）。计算的轮廓线与描绘的轮廓线之间吻合较好，除了一些涟漪之外。遗憾的是，虽然我给爱德华兹寄了原始底片，但并没有看到他实际用的照片。我在试验仪器的照片（见图 9-20 和图 9-21）里见到了另外一些水漩涡。

要分析这些旋涡，我们必须判断哪里是顶端（有水的话就不是太难判断），哪里是竖直面。即使轮廓线边缘有一些隆起，我们还是可以在各个水平高度以最佳直线的状态将旋涡的宽度二等分。在图 9-22 所示的资料照片中，一开始处于同一平面的定位线是猜测的，这两条估计直线的交点位于顶端的 X 点，而位于竖直轴上无穷远处的点假设为 Y 点。我在想是否可以将这个 Y 点想成是地球的中心（那里是地心所在）。

实际上，这在计算时没有什么差别，不论是地心还是无穷远处的点，Y 点都

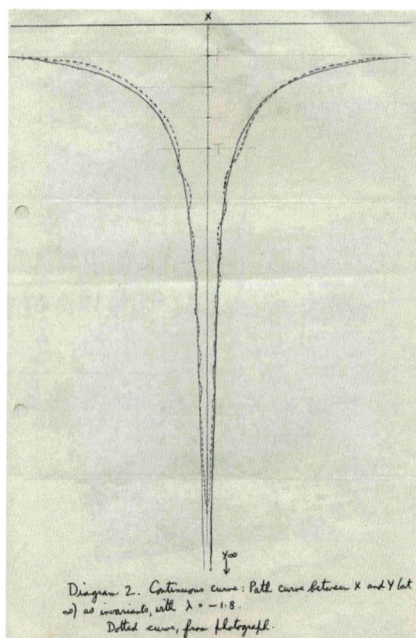

图 9-19　计算所得的轮廓线与实际的旋涡轮廓线（源自爱德华兹的信件）

图 9-20　水漩涡 1

图 9-21　水漩涡 2

距离我们相当远。如同爱德华兹所说的，在这个估计方法中，我们假设这个四面体是"宇宙"的，这意味着沿着竖直轴与水平轴的测度可以利用一个简单但可能有不同公比的等比数列。这明显简化了工作，具体步骤见下页方框。

按照下页方框中的分析，图 9-23 中左边部分似乎比较吻合，右边较不吻合。

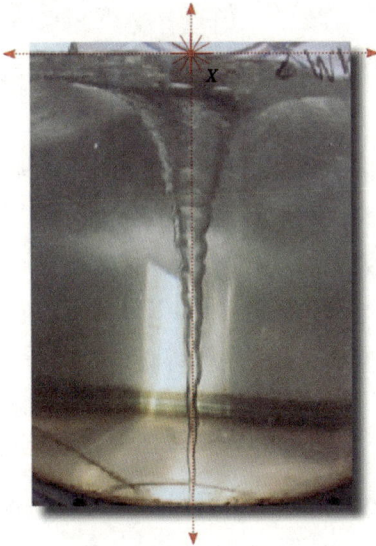

图 9-22　在照片中插入坐标轴

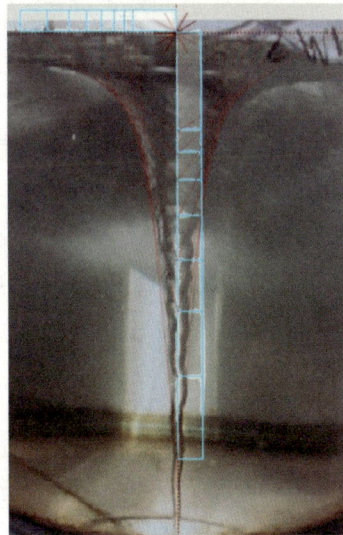

图 9-23　估计旋涡的轮廓线

1. 在旋涡曲线大约中间的位置设定两条切线。

2. 在竖直轴和水平轴上标示出这些切线的交点。

3. 测量 M_1（$=33.5\,\text{mm}$）与 N_1（$=19.4\,\text{mm}$）到中心轴的距离。

4. 测量 M_2（$=44.7\,\text{mm}$）与 N_2（$=84.4\,\text{mm}$）到顶部水平面 α 的距离。

5. 计算坐标轴上的两个公比。

令 $a = M_1/N_1$（远离 X 点）$= 33.5/19.4 \approx 1.7268$。

令 $b = M_2/N_2$（朝向 X 点）$= 44.7/84.4 \approx 0.5296$。

6. 令 $\lambda v = \ln b / \ln a$（其中 λv 为形式因子，类似于爱德华兹的芽苞或蛋形的 λ 参数），因此 $\lambda v = \ln 0.5296 / \ln 1.7268 \approx -0.6356/0.5463 \approx -1.163$。

这个值也许可供我们理解轮廓线的形式因子。

为了直观地了解其中的对应关系，我们必须在 M_1 与 N_1 之间以及它们的另一侧做更多计算。具体该如何计算？这些值可由等比数列的公式 $T_n = ar^{(n-1)}$ 算出。

若 $a = 19.4$，$n = 4$，$T_4 = 33.5$，则 $r \approx 1.199$。

由此可算出更多项，所以前几项为

$$19.4, 23.3, 27.9, 33.5, 40.23, 48.3$$

对竖直部分以 $r = 1.237$ 进行同样的计算，竖直部分的数列为

$$44.7, 55.4, 68.7, 84.4, 104.4, 129.1$$

下一步是连接相对应的点，从而获得此形式的可能切线（在图 9-23 中以红色虚线表示）。

对我而言，再参照爱德华兹的结论，这个结果似乎表明纯粹形式的那些考虑都是有效的。

到目前为止，这种形式被假设成与距离无关，因此也无关乎大小或规模。从几何上来说，没有什么东西可以决定任何绝对的尺寸，但或许有来自其他方面的影响和约束可以用来决定真正的大小，甚至是相对大小。顺带一提，我常常在想人类的平均身高应该被用作一种测量标准，而不是使用任意的米、英尺或是某个波长。

勒 - 柯布西耶（1887—1965）提出的模距人的概念或许与我的想法接近。

这是处理螺线的下一个阶段，这一点会在第 13 章中提及。

9.3 全实四面体与正四面体

正如我们在本章一开始所见，空间中最简单、最基本的形式就是四面体，它有 4 个点（顶点）、6 条线（棱）和 4 个平面（面）。

四面体是 5 种柏拉图立体的核心形式，也是在苏格兰发现的新石器时代的雕刻圆石中最常见的形式（见图 9-24）。柏拉图（公元前 427—公元前 347）在《蒂迈欧篇》(*Timaeus*) 中将四面体描述为"火的存在与本质"，也许柏拉图在基本的空间形式（也就是四面体）中看到了某种特质。这也是火作为原始热源的首次创意表现（见图 9-25）。

图 9-24　苏格兰新石器时代的雕刻圆石（它有 4 个"面"，看起来就像一个四面体，没有人知道它的用途以及它真正的年代）

图 9-25　柏拉图将正四面体视为火的本质

所谓的正四面体就是 4 个面皆为正三角形，且所有的棱边皆等长。有很多种作正四面体的方法，我们可以从线开始着手。让我们从两条斜线（不相交的直线）开始，并且让它们彼此垂直；接着取另外两对这样的线，每对皆相互垂直。现在我们有 3 对直线，可以将这 3 对直线以相同的中心固定放在一起；或者更精确地说，连接各对斜线的 3 条直线（或者可称为桥接线）会交于同一点。如图 9-26 所示，要将三维的直线画在平面图形上有点困难。下一步，我们需要使这些桥接线彼此之间的夹角为直角。

现在，一个正四面体出现了，它由 6 条直线构成。在图 9-27 中，我加入了 4 个点来突出该正四面体，它的整个形式在每一个方向都是完全对称的。

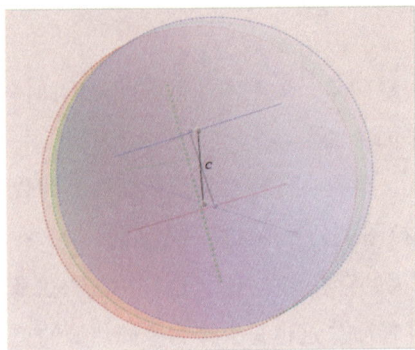

图 9-26 桥接线连接每对相互垂直的直
线且交于一点

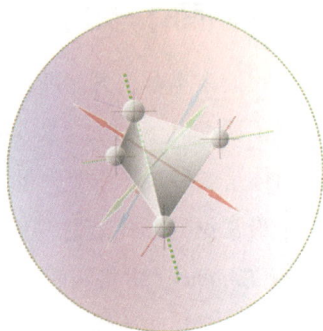

图 9-27 正面四体

在 9.1 节中，我们使用了四面体来构造螺线。在那些例子中的四面体是半虚四面体，即两个点是实点，两个点是环绕的"虚"点（在几何上等价于负数的平方根）。

接下来，我们来看一个四面体的特殊例子。

9.4 极端退化四面体

四面体的极端退化指的是 6 条直线、4 个平面和 4 个点都合而为一的情形。令人惊讶的是，这种情形仍然可以在真实世界中生成我们看得到的形式。点、线、面三者可创造出一系列的椭圆曲线。图 9-28 中的模型给出了它如何在真实世界中呈现的线索，这个形式有点类似于双壳贝类（见图 9-29）。

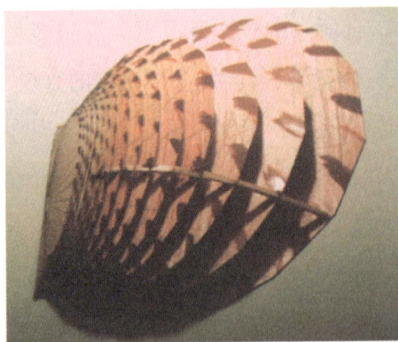

图 9-28 由极端退化四面体生成的
曲线模型

图 9-29 简单的双壳贝类

这个几何形式有一条共同的直
线，利用它将椭圆像铰链般连接起
来。我很惊喜地听到爱德华兹将这
个形式称为退化四面体。大自然里
的这种形式以双壳贝类为代表，它
们以某种类似铰链的机制开合。我
第一次在平面上看到这个形式时，
并没有将它看成退化的四面体，而
是看成一个三角形（见图 9-30）。这
一点会在下一章说明。

　　这暗示了一种生物形态的演化
吗？双壳贝类在地球化石的记录中
属于早期生物。从几何角度来说，
一般四面体中只有一种非常简单的、

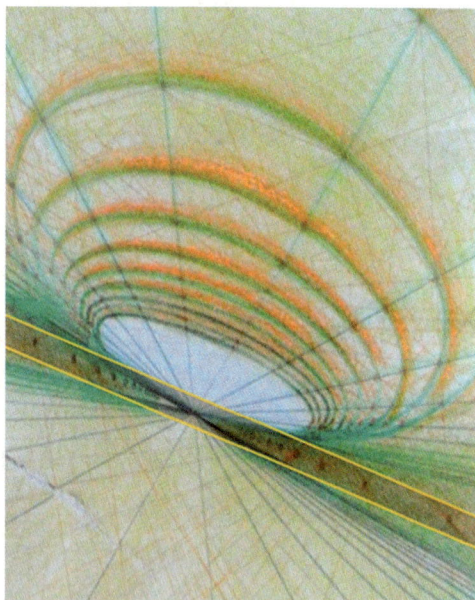

图 9-30　由一个退化的三角形生成的形式

特殊的退化表现会在一开始或早期出现，其他潜在的退化形式则还没被发现。

　　总的来说，在四面体内部与整体之中是有一定结构和规则的。律动来自直线
变换成它自身时；二维的形状来自平面（或点）变换成它自身时；三维的形式来
源于空间做了一些特殊的事情时，也就是说当它变换成它自身时。于是，我们得
到了律动—形状—形式。

第 10 章　凸路径曲线

10.1 一般的全实三角形

我们在 8.3 节中看到，与点／线变换有关的形式可以被称为路径曲线。这种曲线是一组点／线对在一个场域中根据某种三角形移动的必然路径；除了是（点的）路径曲线，或许它也应该被称为（切线的）包络曲线。

在全实三角形（也就是我们经常见到的那种三角形）中，我们可以看到平面如何变换成它自身，通常会有 3 个固定点与 3 条固定直线，即这些点与线自身都不会改变。但是，平面中除了这些点与线外剩下的部分都改变了。它可以被想象成是切点与切线在覆盖整个平面的确切曲线上不断地运动。类似情形可以在水的运动中发现，举例来说，我们可以在水漩涡、河流中的驻波，或是下落的瀑布中看到它。

我们的第一个例子是一般的不等边三角形（3 条边全部不相等），三角形的 3 个固定点与 3 条固定直线叠放在整个图形上（见图 10-1）。

图 10-1　三角形路径曲线

构建一条路径曲线

1. 选择 3 个固定点 A、B、C，分别以直线 a、b、c 连接（见图 10-2）。

2. 在 $\triangle ABC$ 边界的内部任选两个点 M 与 M'。它们可以在任何地方，不过在三角形内部会更方便一点。假设点 M 移动（平移）到点 M'，因此可得直线 m（见图 10-3）。现在整个图已经确定了，只是我们还看不出来。

3. 连接 AM，与直线 a 交于点 P；连接 AM'，与直线 a 交于点 Q。连接 CM 与 CM'，分别与直线 c 交于点 P' 与点 Q'。因此，结果就是直线 AM 与直线 CM 分别旋转到直线 AM' 与直线 CM'（见图 10-4）。

4. 如图 10-5 所示，用点 P 与点 Q 作为两个起始点，沿着直线 BC 上的点建立一个成长测度（见 7.2 节）；同样，用点 P' 与点 Q' 作为两个起始点，沿着直线 AB 建立一个成长测度。

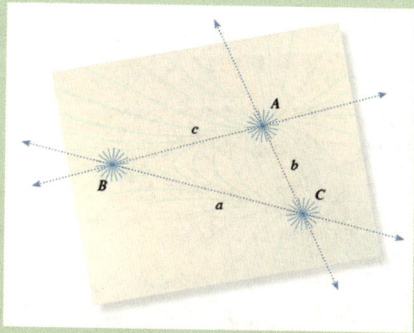

图 10-2　步骤 1

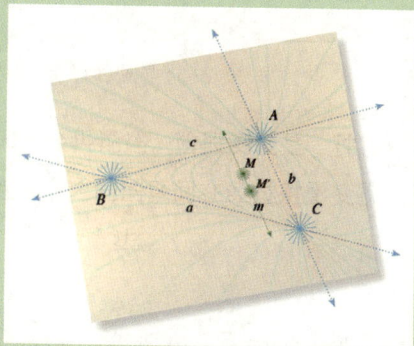

图 10-3　步骤 2

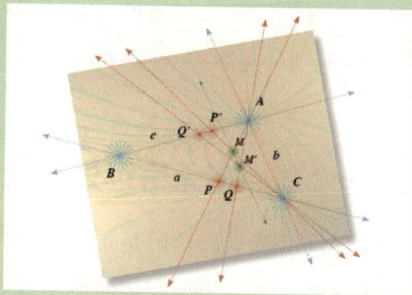

图 10-4　步骤 3

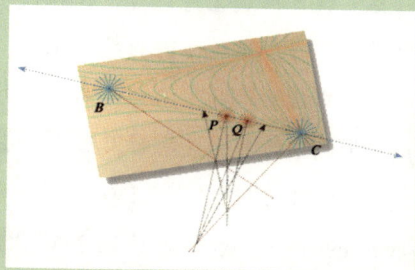

图 10-5　步骤 4

5. 根据各自的测度，分别从点 A 与点 C 画出直线族。图 10-6 只显示出部分。

6. 继续作点 M 所经过的路径，同时朝向点 C 与点 A。这些点所确定的曲线就是一条路径曲线。有一些这样的点同时伴有切线，如图 10-7 所示。

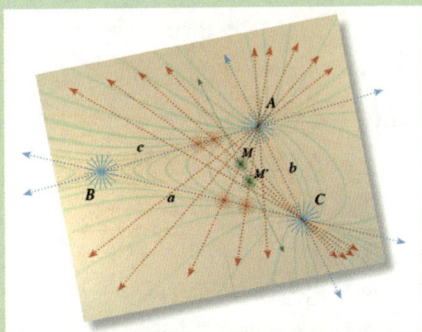

图 10-6　步骤 5

7. 在点 A 与点 C 的另一侧也可以重复这样的步骤，从而画出更多构成整个场域的曲线。我们所要做的就是以相同的方向连接所有的小四边形（所有橘线的交点），由此生成我们在本章开头所见的曲线族（见图 10-1）。

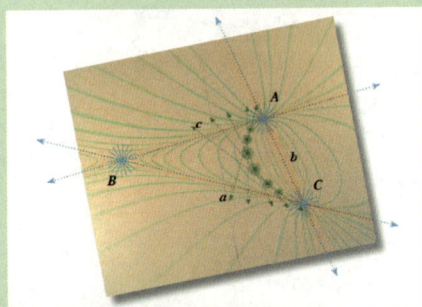

图 10-7　步骤 6

10.2 一个顶点在无穷远处的全实三角形

其他三角形又是怎样的情形呢？有一个方法可将一般三角形变成特殊三角形：只要将点 B 移到无穷远处，让直线 a 与直线 c 平行，并且使得直线 b 垂直于直线 c 与直线 a（见图 10-8）。尽管外形如此，但它依然是个三角形。

此处构建曲线的方法与前一个三角形所用的方法一样（见图 10-2 至图 10-7），唯一的差别是明显简化许多。此时，在直线 a 与直线 c 上的测度是一种等

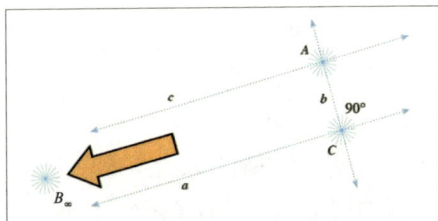

图 10-8　有一个顶点在无穷远处且直线 a 与直线 c 平行的三角形

比数列——成长测度的一种特殊情形，有着固定的公比（见图 10-9）。同时，这些曲线会在直线 b 的两侧对称出现。这种特殊情况与距离（点 B 在无穷远处）和角度（直线 b 垂直于另外两条平行线）有关。这是一个相当重要的例子，它会发展出我们在下一章中将见到的形式。

　　接下来是一个特别有趣的三角形，所有的元素都融合成一个点／线对：A、B、C 3 点合而为一，变成点 A；直线 a、b、c 重合成一条直线，称为直线 a（见图 10-10）。这样怎么可能会有形状呢？爱德华兹在《生命的旋涡》中论述过这条直线上的测度为何可以是一个点的阶段测度，以及在此点上它又为何可以是一个线的阶段测度。阶段测度是成长测度的一个特例，因此我们简单地在点 A 与直线 a 上设立两个阶段测度，并投放一个点／线对，接着画出这些必然的曲线（见图 10-11）。这些曲线为过点 A 且与直线 a 相切的椭圆族，每一个椭圆在大小与方向上皆不相同，但它们都属于同一个无限延伸的形式场。

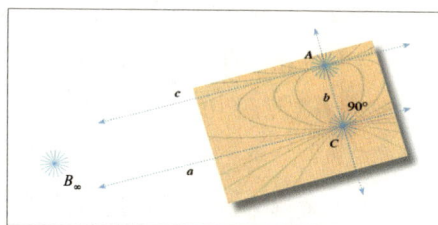

图 10-9　对称的路径曲线

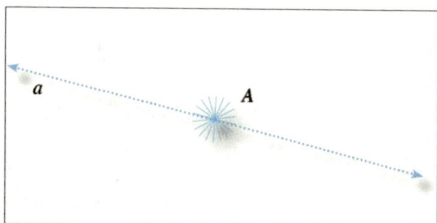

图 10-10　所有点与线皆重合的三角形

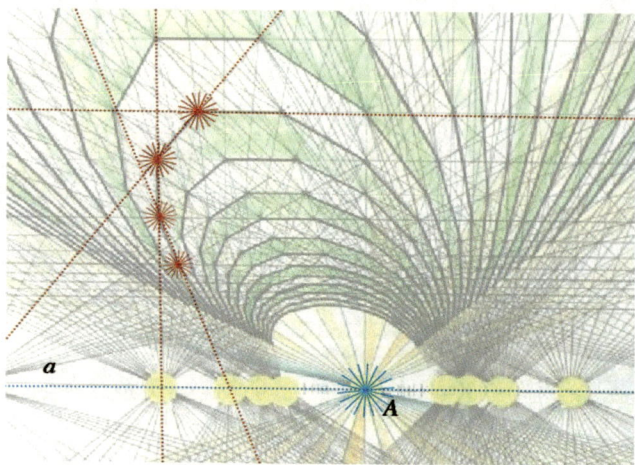

图 10-11　由阶段测度生成的椭圆族

下面是对另一个有趣例子的简短描述，它有点像是折中的例子。

其中，点 A 为单独一点，而 B、C 两点合二为一；也就是说，理所当然地直线 b 与 c 重合，而直线 a 与它们分开（见图 10-12）。直线 a 并不一定要与直线 b/c 垂直，但是这里我让它们保持垂直。在直线 a 上有一个阶段测度，而沿着直线 b/c 则是成长测度。在这里我只给一个例子［在爱德华兹的《射影几何》（*Projective Geometry*）中有详细的描述］。沿着直线 b/c 且聚集于点 A 与点 B/C 的成长测度是必须要有的，我们还有沿着直线 a 且聚集于点 B/C 的阶段测度（见图 10-13）。

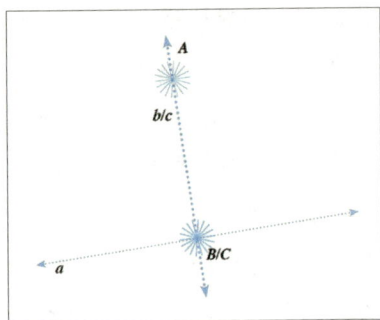

图 10-12　有两个点与两条直线重合的全实三角形

另一个重要的例子则是将点 B、C 移到无穷远处，直线 a 变成无穷远处的线。我们将点 A 放在中央位置，让直线 b 与 c 交于点 A 且互相垂直。在这样的布局中，固有的变换所得到的路径曲线就像一个旋涡的轮廓线（见图 10-14）。这些曲线是一种特殊的旋涡轮廓线——它们是简单双曲线。

如果这些曲线是在另一个对角线上的小矩形上画出来的，那么我们就可以

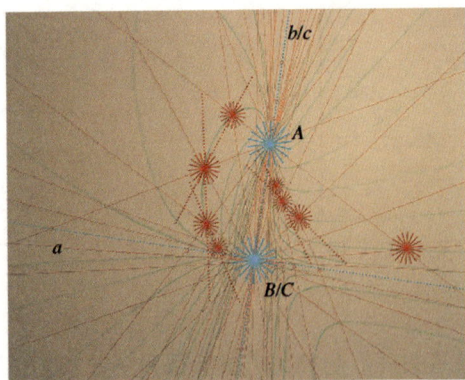

图 10-13　路径的中途

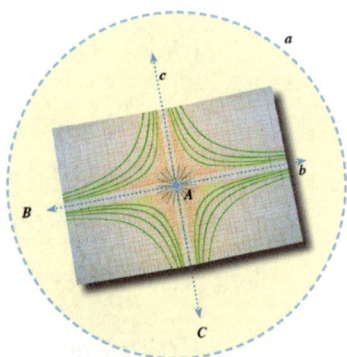

图 10-14　有两个点在无穷远处，且有两条互相垂直的直线的全实三角形所构造出的旋涡轮廓线

得到爱德华兹所称的空气旋涡（见图
10-15）。

10.3 半虚三角形或复三角形

我们在 9.1 节已经看到虚数（负数
的平方根）会成对出现，并且在几何学
中它们被描述成具有环绕性质。因为虚
数总是成对出现，所以在一个三角形中
必须有一个点或一条直线保持为实数。
因此，它们实际上是半虚数或复数形式
（同时包含实数与虚数元素）。

让我们取一个三角形，假设点 B 与
点 C、直线 b 与直线 c 以实点 A 为中心
进行环绕测度的旋转，并且直线 a 保持
固定。

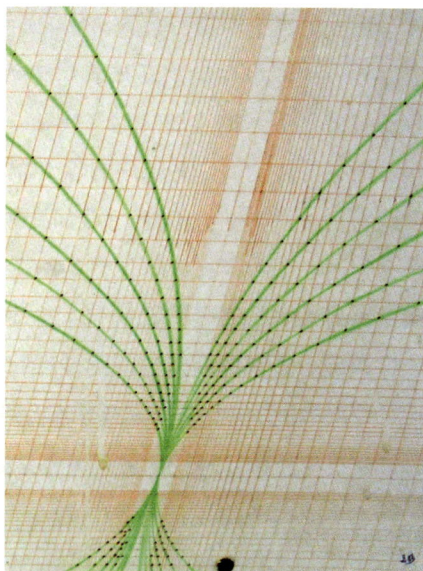

图 10-15　空气旋涡

假设点 B 与点 C 沿着直线 a 流动或平移，直线 b 与直线 c（没有特别显示出来）
绕着点 A 旋转。它们在环绕测度中旋转，同时点 B 和点 C 在点的环绕测度中平移。

这样得出的形式就是在第 8 章中所提及的螺线。将图 10-12 作得更详细一些，
现在我们可以在一个更为宽广的背景下（见图 10-16）看到这些螺线，注意点 B
与点 C 朝着相反的方向来回移动。

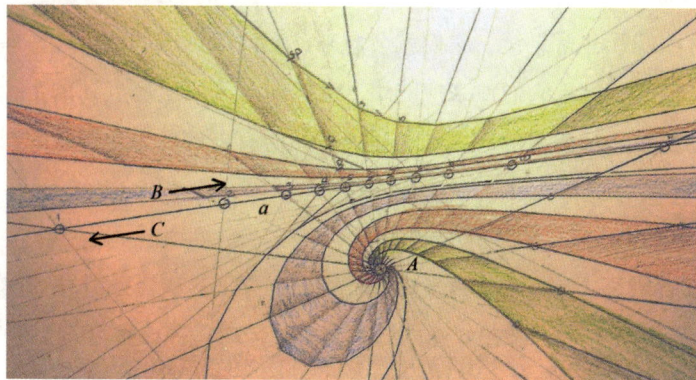

图 10-16　由一个包含一个实点与一条实线的半虚三角形产生的场域

下一个例子激进了许多。和之前的三角形一样，但是我们现在将实线移到无穷远处，这样可以得到在第 8 章中构建出的螺线（见图 8-19）。我们注意到点 B 和点 C 在无穷远的直线 a 上，但是以一种均匀的环绕测度（即以相等的速度）朝相反的方向移动。这些从中心点 A 辐射出去的直线上的测度为几何测度（成长测度的特例，发生在点 B 或点 C 移到无穷远处时）。因此，这些以点 A 为中心不断增大的同心圆的半径以等比数列的形式增加。由这种布局得到的曲线就是等角螺线（见图 10-17）。

理所当然会有两组这样的曲线：一组是顺时针的，另一组是逆时针的。在图 10-18 中，它们彼此重叠。这个曲线图看起来像是向日葵，不过在大自然中，顺时针螺线与逆时针螺线的数目并不总是相等。

图 10-17　由一个实点（中心）、一条实线（在无穷远处）以及两点两线环绕的复三角形形成的等角螺线

图 10-18　双螺线

如果这些螺线非常平缓，它们就会愈来愈倾向于形成圆。因此，即便是同心圆也是路径曲线。如果它们愈来愈陡峭，会倾向于变成通过点 A 的半径直线。实际上它们的范围是从辐射的直线到通过两者间所有可能的等角螺线的同心圆（见图 10-19）。

图 10-19　从辐射直线到圆的螺线范围

10.4 芽苞

接下来，我们来看看在三维的复合四面体中生成的两种主要形状。所谓的复合四面体，就是一部分是实数、一部分是虚数的四面体。这两种形状的其中之一是一般旋涡，我们在前文已经论述过；另一种为凸起的形式，像是蛋或芽苞的形状，但是这种形式不局限于蛋、树叶和花蕾，也出现在树的轮廓线和海胆之中。

一开始，我们观察平面上的轮廓线要比观察螺线形式更简单。在 10.2 节中，我们看到了由一个顶点在无穷远处、直线 a 与直线 c 平行的三角形产成的场域，我们在此再展示一次（见图 10-20）。

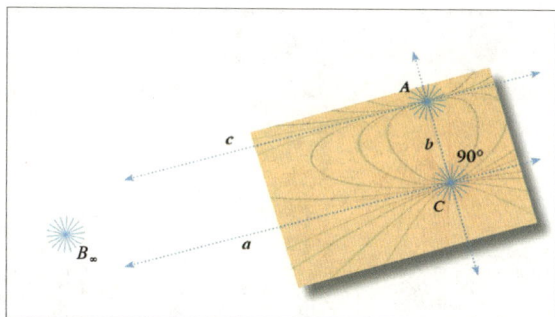

图 10-20　由一个顶点在无穷远处的三角形产生的场域

20 世纪 70 年代中期，在爱德华兹访问澳大利亚的几个月期间，我有幸与他共事。他有许多植物芽苞的照片（见图 10-21），但我不记得是哪些植物了，不过这无关紧要，因为我们检验的是芽苞本身的形式。首先是在照片上放一张描图纸，仔细地描绘那些芽苞的轮廓线；然后将描图纸翻到

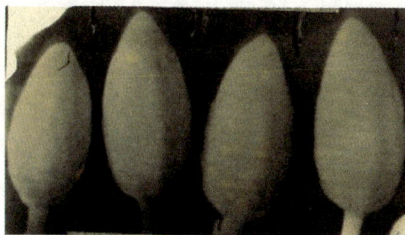

图 10-21　某些植物的芽苞照片

背面做真正的测量（见图 10-22），这样能够让原始的轮廓线保持完整，以防测量时需要进一步检视。

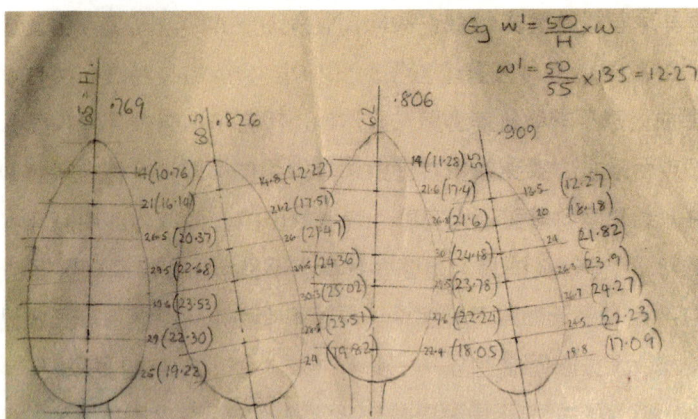

图 10-22　利用照片所做的初步描绘与测量

分析说明

1. 估计顶部端点 X 与底部端点 Y（见图 10-23）。

2. 在点 X 与点 Y 之间画出一条估计的中心轴。

3. 将线段 XY（$XY = 62$ mm）分成 8 个区间，由下而上分别标记为 A、B、C、T、D、E 与 F，再分别过 A、B、C、T、D、E 与 F 作中心轴的垂线。

4. 测量每一个分段层的直径，例如在 T 处测量到的芽苞直径为 30 mm。

5. 将所有直径以高度 100 mm 为标准按比例进行缩放，具体计算如下。

缩放后的直径 $=(100$ mm $/ H) \times D'$。

而缩放后的半径为直径的一半，因此缩放后的半径 $=(50$ mm $/ H) \times D'$。

假设在 T 处测量的 $D' = 30$ mm，而 $H = 62$ mm，当标准高度为 100 mm 时，缩放后的半径 $=(50$ mm $/ 62$ mm $) \times 30$ mm。

因此，T 层缩放后的半径约为 24.2 mm。

6. 对芽苞的 7 个分段层依次完成上述计算。

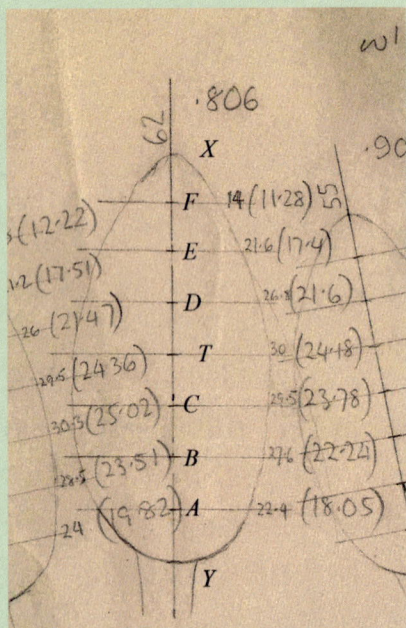

图 10-23　7 个分段层

找出 λ 并画出完美的轮廓线

1. 这些缩放后的半径如下。

A: 18.05 mm

B: 22.24 mm

C: 23.78 mm

T: 24.18 mm

D: 21.60 mm

E: 17.40 mm

F: 11.28 mm

2. 在相似的芽苞中重复上述步骤并取平均值,列出平均的缩放半径。

3. λ 为每一分段层的平均半径与中心层(T)的半径的对数比。

4. 计算 7 个分段层的 λ 值,得出其平均值。在这个例子中,平均值为 λ=(1.319+1.335+1.399+1.874+1.972+1.998)/ 6,因此 $λ ≈ 1.649$。

5. 要画出这样一条曲线,我们需要得到顶部水平直线上的等比数列的公比 a,以及底部水平直线上的等比数列的公比 b(见图 10-24),使得

$$λ = \lg a / \lg b$$

如果我们让 $a = 1.2$(可任意选择)且 $λ = 1.649$,那么 b 可以确定,即 $b ≈ 1.117$。

6. 我们要找的曲线所过的点 T 处的半径为 23.738 mm(许多芽苞的平均值)。要找出顶部与底部直线上的起始点,只要将 T 值加倍(2×23.738 mm = 47.476 mm),接着沿着顶部直线计算并标示出一个等比数列,其公比 a 为 1.2(任意选择的),同时沿着底部直线计算并标示出一个等比数列,其公比 b 为 1.117(如上计算)。

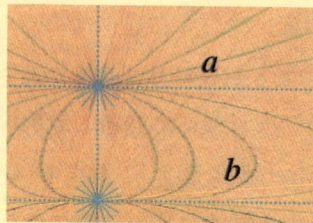

图 10-24　公比 a 与 b

7. 路径曲线为两条旋转直线的渐进式交点,这两条直线分别绕点 X 与点 Y 以相同的方向旋转(见图 10-25)。此为这个平面映射到自身的变换,它基于这么一个顶点在无穷远处、其中两条边垂直于第三条边的特殊三角形。

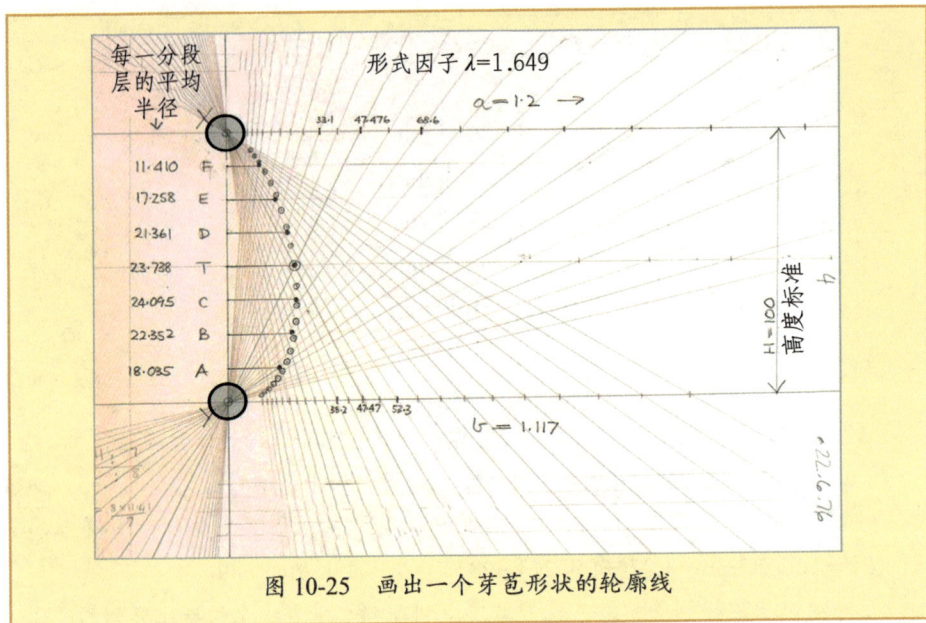

图 10-25　画出一个芽苞形状的轮廓线

为了进行测量，我们必须要标示出两个端点。芽苞的顶端通常都很明显，但是底端就必须进行估计，因为芽苞与花柄的连接处会有些不确定的融合情况。接下来，我们要在这两个端点之间画一条估计的中心轴；许多芽苞几乎是竖直的，因此这不是太困难。最后，我们将线段分成 8 个区间，在这些小区间分别进行测量，细节可见于下页的分析说明。

我们要如何检验这个形式是否与路径曲线吻合呢？这里有 6 个芽苞，我们将采取相同的步骤对其进行测量，再把结果平均，细节见前页的计算说明。

爱德华兹发明了一种用来计算形式因子（λ）的方法。这种方法收录在《生命的旋涡》2006 年版的附录 3 中，在此不进行过多论述。这个形式因子也可以用图画来描述，因为芽苞两端圆润或尖锐的程度不一；这些小芽苞的轮廓线在顶部比较尖锐，而在底部则更圆润一些。需要注意的是，其顶部愈尖锐，底部就愈圆润。这两者是相关的，你不可能看到一个蛋形（或芽苞形式）一端非常尖锐，另一端也趋于尖锐。爱德华兹证明了这种形式的 λ 值的范围为 –0.5 ～ +2。

要画出一条这样的曲线，我们需要有一个沿着顶部水平线的等比数列，以及一个沿着底部水平线的等比数列。这两个数列透过 λ 这个形式因子关联起来。通过线段 XY 上的数据点，我们可以画出一组组线束，进而绘制出一个可以画出曲线的网格（见图 10-25）。

这些数据点与路径曲线上的点还算吻合。在这个研究中，真正引起我兴趣的是相关性，是它将理念带入真实的现象之中。由于我具有工程背景，我觉得这一点非常重要。我们在此处看到的是一种活生生的有机体，它对应于由自主运动所得出的一种几何结构。成长中的芽苞的轮廓线似乎是一个动力场（形式场）的一部分。事实上，这是爱德华兹在 1982 年写作的一本著作中的内容，即后来修订出版的《生命的旋涡》。

这些场域与鲁伯特·谢尔德雷克所描述的形态场类似。这些场域集中在芽苞四周，却延伸至整个平面，甚或贯穿整个空间。物质世界的产物，好比此例中的芽苞，仅仅是这个场域的一小部分，然而它们是由这个场域所决定的，并且位于这个场域里。这个场域不仅包含一种形式，而且还有其他相关的形式，这些形式均不相同，但是它们整体相关（见图 10-26），而且在每条画出的曲线之间还有无限多条其他曲线。

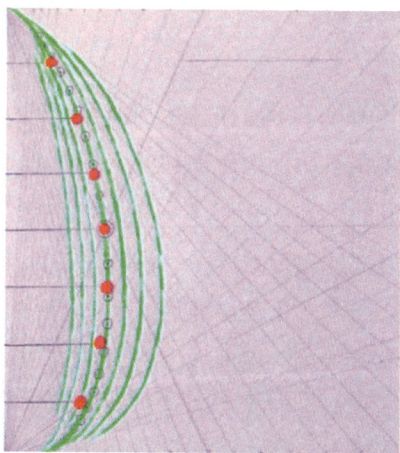

图 10-26　在同一场域中的一些路径曲线

10.5 蛋形

路径曲线的形式有多普遍？还有其他有机体的结构遵循路径曲线的形式吗？我们的世界中只有路径曲线吗？下面，让我们带着这些疑问展开探索之旅。

蛋的形态是完美的、和谐的，甚至是美丽的。它的形态是空间中纯粹的、连续的凸面形式。世界上有各种尺寸与颜色的蛋。最近我获得了一张鸵鸟蛋的照片以及它的轮廓线图，我对这颗蛋特别有兴趣，因为它显示了螺旋的线索（在第 14 章会有更多论述）。它的轮廓线与路径曲线格外地吻合（见图 10-27，细细的红色曲线），其 λ 值非常接近于 1，即接近椭圆的 λ 值。

我在墨尔本博物馆看见过一颗巨大的蛋，据说它是象鸟的蛋（见图 10-28），

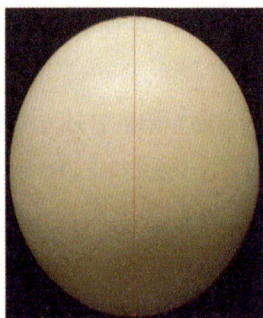

图 10-27 鸵鸟蛋的轮廓线与路径曲线拥有较高的吻合度（尼克·托马斯与约翰·威尔克斯）

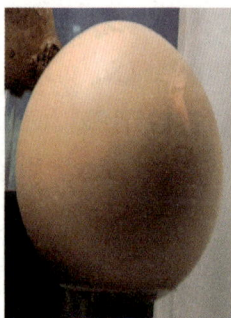

图 10-28 墨尔本博物馆里的象鸟蛋

象鸟数千年前在马达加斯加已经灭绝。关于两颗象鸟蛋如何来到澳大利亚西海岸是有故事的，其中一颗不久前才被一个男孩发现，他把这颗蛋藏匿了一段时间，因为担心它会被夺走。几经协商后，象鸟蛋最后终于在博物馆展出。它非常大，大约有 30 cm 长，这是我见过的最大的鸟类的蛋，甚至一部分恐龙蛋都比它小一些。这个蛋的形态也是一个相当好的路径曲线，分析显示其 λ 的平均值为 1.072，标准偏差为 1.8%，由于 λ 值非常接近于 1，它的外形几乎是个椭圆（见图 10-29）。

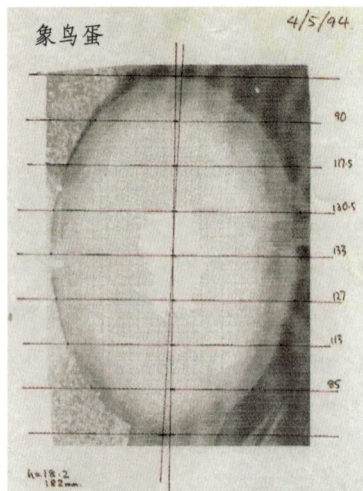

图 10-29 一张画质非常不好的象鸟蛋照片上的数据点

但是如果我们以另一种方式再进行一次分析，得到的 λ 值会比 1 小（实际为 0.933，约是 1.072 的倒数）。进行完这些分析之后，我得出一个结论：即动物蛋的形态应该是比较尖锐的一端朝下，因此 λ 值介于 0 与 1 之间；而植物的形态则是比较尖锐的一端朝上（如同大部分的芽苞），因此 λ 值介于 1 与无穷大之间。

另一种大型的鸟蛋是鸸鹋的蛋（见图 10-30）。鸸鹋为澳大利亚的原生物种，是一种不能飞，站起来同成年人一样高，而且相当不友善的生物（见图 10-31）。它的蛋有 13 cm 长，呈暗绿色（常被磨去暗色外层，留下白色底层供游客作装饰用）。分析显示，这颗蛋呈现出一条极佳的路径曲线轮廓线，加权平均后的 λ 值为 0.932（在端点附近较脆弱处会加大权重）。计算得出其 λ 平均值的偏差为 3.6%，平均半径的偏差为 1.43%（见图 10-32 和图 10-33）。

图 10-30　鸸鹋蛋

图 10-31　鸸鹋

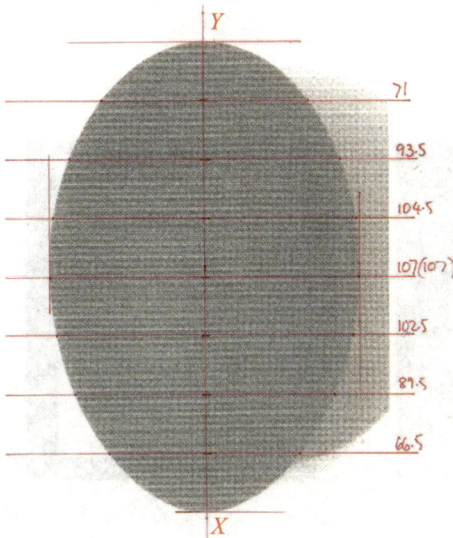

图 10-32　对鸸鹋蛋的测量

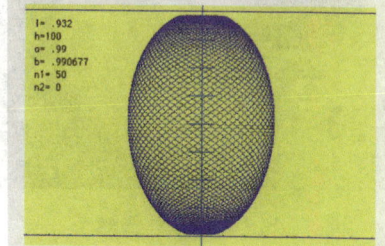

图 10-33　计算值

澳大利亚有两种特殊的哺乳动物会产蛋，一种是鸭嘴兽（见图 10-34），另一种是针鼹（见图 10-35）。它们是广为人知的单孔目哺乳动物，前者是有毒的，后者是多刺的。

我在澳大利亚的堪培拉结识默文·格里菲斯时，他已经做了许多关于针鼹的研究，出版过一些相关学术著作，也在澳大利亚政府成立的研究机构中工作了很多年。他刚好有一些这种动物的蛋的照片，于是给了我一份复本（见图 10-36）。我很幸运，因为这种动物防御性相当强，我不认为没有专业协助我能有机会拍到这样的照片。

分析显示其 λ 值为 0.846，平均半径的偏差为 1.83%，就一只小针鼹而言这样的结果并不差（见图 10-37）。

图 10-34　在昆士兰州布罗肯河中游泳的鸭嘴兽

图 10-35　针鼹，澳大利亚的卵生哺乳动物

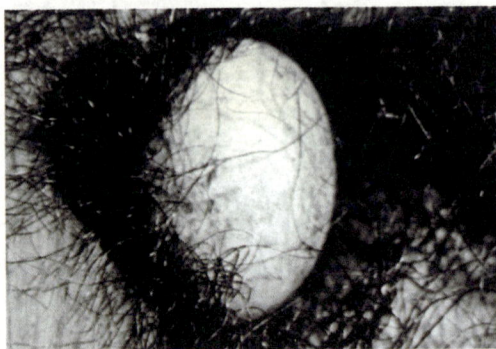

图 10-36　针鼹的蛋

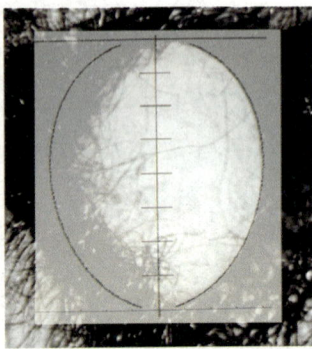

图 10-37　针鼹蛋的吻合情况良好

鸭嘴兽蛋的照片很难找到。最终，我还是找到了一张有完整的蛋形的图片。这张图片出现在一篇由杰克·格林所撰写的关于鸭嘴兽的文章中，该文章发表于某一期的《澳大利亚地理》杂志上。对鸭嘴兽蛋的分析见图 10-38 和图 10-39。

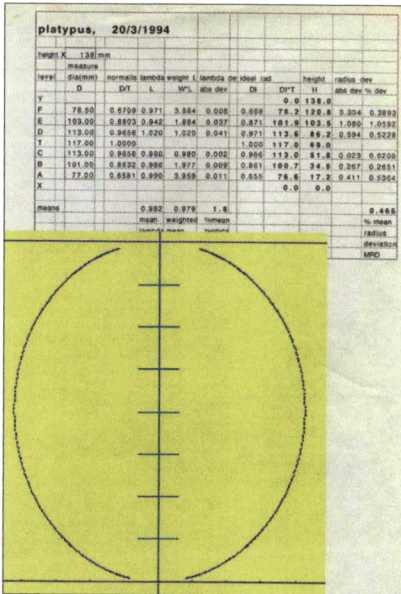

图 10-38　对鸭嘴兽蛋的计算

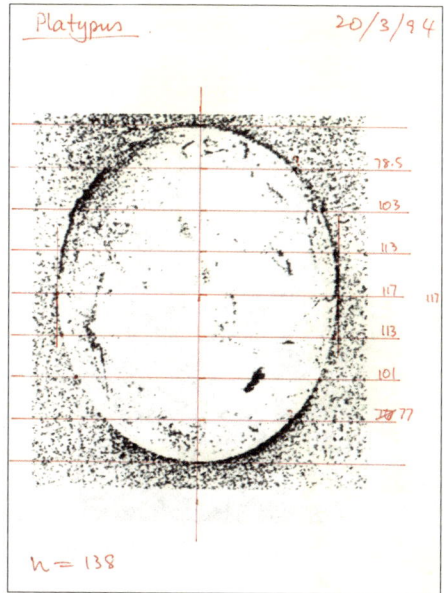

图 10-39　鸭嘴兽蛋的吻合情况

10.6　树的边界线

　　我曾经好奇树木的轮廓线或边界线是否符合这个模式。我最初检验的样本之一是澳大利亚郊区普遍可见的针叶树的轮廓线（见图 10-40）。经过计算，我得到了一个合理的结果，它的 λ 值为 1.67，但是 λ 平均值的偏差有 16.2%，这是一个相当高的数值。大家都知道，我们很难确定树木理想的轮廓线在哪里。

　　从许多树木的轮廓线来看，它们很容易让人联想到路径曲线，毕竟针叶树也不算太糟糕的例子。有一种澳大利亚原产的红胶木，它们的轮廓常年维持稳定的形式，似乎是进行路径曲线比较的一个好选择。经过分析，其 λ 的加权平均值为 1.826（见图 10-41 与图 10-42）。接着，我们画出其理想的轮廓线，然后与实际的轮廓线进行重叠比较，结果还可以接受（见图 10-43）。有些照片有点失真，因为它们是从旧文件中翻拍得到的。

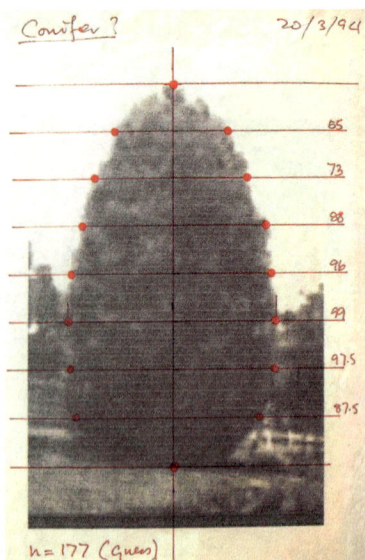

图 10-40　某种不知名的针叶树

图 10-41　对红胶木照片的测量

图 10-42　红胶木的计算数据

其实图 10-42 中给出的是 1994 年的数据了，或许比较树木如今的轮廓线会更加有趣。尽管有些变化，但如今树木本身的轮廓线与以前相比并没有太大不同（见图 10-44 ）。

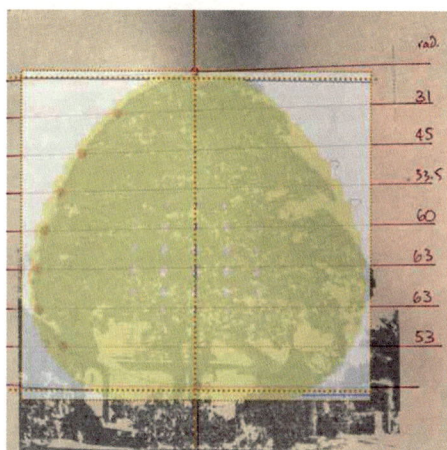

图 10-43　理想轮廓线（黄色形状）与实际轮廓线（下面的红点）的重叠比较

图 10-44　多年后的同一棵树

10.7 海胆

我还研究过另一种生物，那就是海胆。在某次旅行中，我有幸遇见了阿什利·米斯凯利，即《澳大利亚与印度洋海域中的海胆》（*Sea Urchins of Australia and the Indo-Pacific*）一书的作者。他在海胆的研究方面做得非常出色，收集的海胆漂亮、干净且标注清楚。他准许我拍摄了一些海胆外壳的照片（外壳本身没有刺）进行形式分析。我确实拍了很多照片，但在此仅记录了其中两个物种。

第一个样本为一种有暗纹的海胆，根据其天生的构造（口器在下）得出的 λ 值比 1 还要大，具体的 λ 值为 1.23，有 6% 的平均值偏差（见图 10-45 和图 10-46）。另一个样本则是杂色角孔海胆，计算得出的 λ 值为 1.486，但是 λ 的偏差不是很理想，尽管半径偏差只有 5.3%，不算太差（见图 10-47 和图 10-48）。无论如何，我们在视觉上看到的外壳轮廓线与经过计算和程序所得的理想轮廓线相当吻合。如图 10-49 所示，当将计算所得的轮廓线与实际轮廓线的图片进行重叠比较时，二者吻合良好。

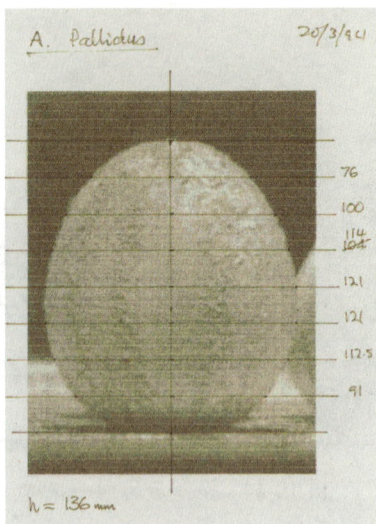

图 10-45　对有暗纹的海胆的分析

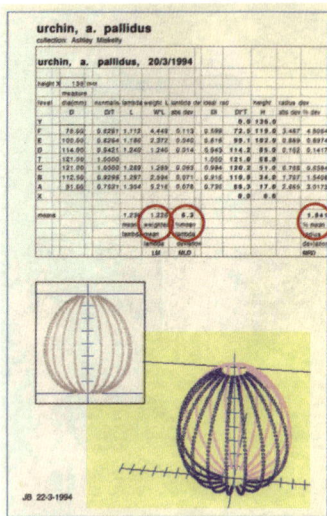

图 10-46　对海胆的计算

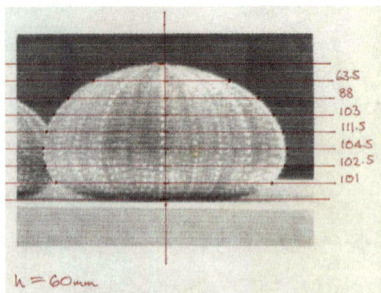

图 10-47　对杂色角孔海胆的分析

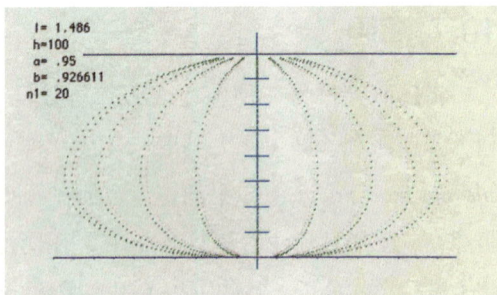

图 10-48　计算杂色角孔海胆的外形路径曲线

图 10-49　将计算所得的路径重叠在杂色角
孔海胆的图片上

第 11 章　凹路径曲线

在几何学和自然界中有两种基本形态：凸状与凹形。我们在前一章检验了凸状的蛋的形态以及芽苞的轮廓特征，与凸状相反的形态即为凹形。在 9.2 节"空气旋涡与水漩涡"中，我们已经对其进行了部分研究。因此，我们先来看看空气旋涡会出现在我们周围的什么地方。

11.1 草树和棕榈叶

草树遍布整个澳大利亚，其种类也较多。它们大多是单一分枝，但也可以有 2 个，偶尔会有 3 个分枝（见图 11-1）。它们是一种看起来非常简单的植物，能存活很久。草树的叶片从截面看是小的四边形，叶片由底部生长并呈扇形展开（见图 11-2）。我曾经尝试把一个旋涡场和一棵有着单一分枝、被修剪过的草树（见图 11-3）关联起来。它看起来好像被烧毁过，这在澳大利亚的荒野中并不稀奇，不过它的叶片的基本形式仍是典型的辐射状。

图 11-1　草树

图 11-2　草树叶片基部的截面（经历林区火灾之后）

图 11-3　苗圃中的草树

图 11-4 展示了 λ 值从 -0.1 到 -0.9 时的旋涡场。

图 11-5 是 λ 值为 -0.5 的旋涡场，其中 a 是中心线，β 为基准面，两者相交于点 B。紧接着，由计算机将这些路径曲线与草树的叶片相匹配，视觉上看起来最佳吻合的 λ 值是 -0.5（见图 11-6）。这是一个不精确的曲线拟合操作，为了更接近上述结果，我们可能需要反复做大量的试验。

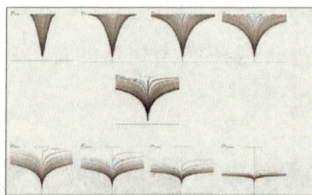

图 11-4　λ 值从 -0.1 到 -0.9 时
的旋涡场的截面

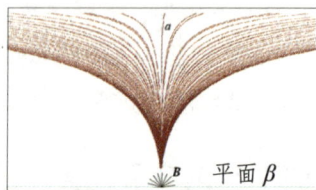

图 11-5　λ 值为 -0.5 时的旋涡场

图 11-6　将旋涡形式重叠在草树的图片上

首先，要假设水平线 Z 在无穷远处，而顶点 B 必须位于树干顶部的某个中间位置，但是我们很难精准地确定出顶点 B 的位置。

这是合理的配对吗？在某些叶片上看起来确实很吻合。就目前来看，它的确是一种普遍适用的方法。所以，我试图更详细地分析单一棕榈叶片的曲线，因为其叶片弯曲的茎脉呈现出一条相当明确的曲线。我选定了整株植物上的一个分枝（见图 11-7），它差不多在一个垂直于我们视线位置的平面上，并通过植物的中心轴线。一条曲线需要多少个点才能确定它满足一个函数？例如，圆或抛物线由 3 个点确定，芽苞的形状需要 4 个点——顶部端点、底部端点和另外两点。

首先，我需要估计出棕榈树的中心轴线，这并不容易。当然，我们可以用视觉来估计，但是计算的可信度更高。我假设所有的叶片都有大致相同的形式因子（λ 值），但实际上不可能如此，因为随着时间的推移，其形式会发生改变（爱德华兹对芽苞的研究已证明了这一点）。但最初的时候，这仍是一个合理的近似值。这意味着我们可以假定植物每一侧的测度有相同的 λ 值，从而使得中心轴线上的几何测度是可以计算的。

要做到这一点，我们需要在两条曲线上各取 3 个点，一条在左侧，一条在右侧（见图 11-8）。任意一个与过点 B 的基准面平行的水平面都会和连接这些（红）点的直线相交。倘若左右两侧的 λ 值相同，那么水平面上的测量就必须从同一点（在竖直轴 a 上）开始。水平面上的数值将决定这个点的位置，如图 11-9 所示。

图 11-7　棕榈树的分枝

图 11-8　根据几何测度确定中心轴线

接下来，采取类似的步骤找到旋涡顶点的位置，点 B 决定了水平面 β 在垂线上的位置（见图 11-10）。垂线 a 的位置似乎是合理的，但点 B 的位置远低于我的预期。要通过红点和点 B 绘制旋涡曲线，我们需要取左侧两个较低位置的红点，

图 11-9 计算出中心线

图 11-10 找出点 B

并找到水平和竖直方向上（两条红色水平线和两条红色竖直线）的公比，将点 B 作为两个几何测度的原点。

如图 11-11 所示，在网格上画出轮廓。然后，我们将其叠放在棕榈树的图片上。从一个已知点开始，在连续成对的水平线和竖直线上画出旋涡的轮廓。选取左下方红色的数据点，沿着这些矩形移动并将点连接起来，这样就能画出曲线。手绘的曲线非常好，贴切地反映出实际的叶片形式（见图 11-12），我们运用爱德华兹的方法可以计算出其 λ 值为 –0.714。

利用这个 λ 值，我们可以画出整个场域的曲线，从而产生一组按照大小叠放在一起的旋涡（见图 11-13）。我用计算机画出了这个旋涡场，并将它叠放在棕榈树上，

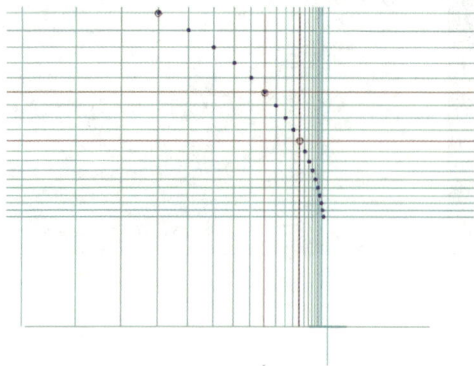

图 11-11 网格和画出的轮廓

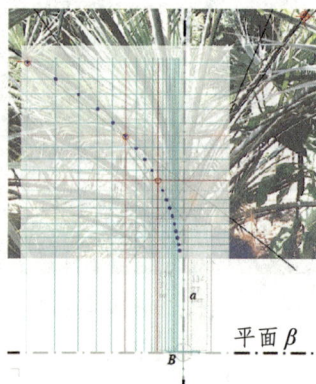

图 11-12 将网格重叠在实际的棕榈树图片上

看起来许多叶片不像我们在首个分枝上所得出的分析结果那么吻合（见图 11-14）。这可能是由我们假设所有的叶片都有相同的 λ 值导致的。为了更具可信度，显然需要在更多植物上多次进行这样的分析。无疑，这些假设将随着经验的积累逐步完善。

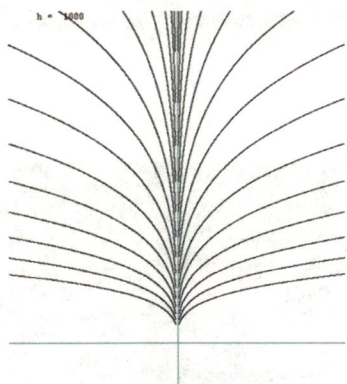

图 11-13 相同 λ 值的旋涡场

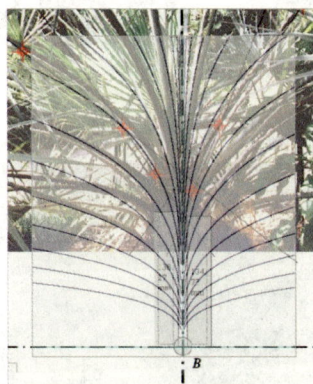

图 11-14 将旋涡场重叠在棕榈树上

在植物的基本分枝结构中，我们发现了空气旋涡的形态。这样的旋涡场能够解释分枝和茎干的生长吗？我们尚需大量的研究来验证这一点。在更大的范围内，这样的形式也可见于气旋、飓风、台风和水龙卷（译注：一种偶尔出现在温暖水面上空的龙卷风）中，这同样是尚待进一步研究的广阔领域。

11.2 凹与凸的相互作用

芽苞的凸状倾向与分枝的凹陷倾向往往在自然界里共同作用（见图 11-15）。龙血树的树冠、橡树的轮廓和伞状的桉树都有合理且明确的凸状轮廓，但同时凹形的、辐射的特点也能在其分枝上被找到。龙血树的树冠结构紧密，分枝持续地生长着（见图 11-16）。

许多园丁会交替种植芽苞形态（椭圆形）和旋涡形态（镖形）的植物，这是某种特别的直觉吗（见图 11-17 和图 11-18）？新南威尔士州美术馆墙壁上的经典镖形和椭圆形设计又怎么解释呢（见图 11-19）？

我很惊讶地发现凸起的椭圆形和凹陷的辐射状这两种基本形式都是相同的路径曲线场中所固有的。我是通过爱德华兹所进行的研究才了解到这种关联性的。在图 11-20 中，一个点在无穷远处，竖直线与另外两条水平线垂直，来自 X 的旋

图 11-15　英国冬天的树景，显示出两种
　　　　　发展形式

图 11-16　龙血树

图 11-17　在英国德文郡托特尼斯的一座花园里依同样的间隔方式种植的不同形态的植物

图 11-18　沿着悉尼的主要街道交替种植
　　　　　的不同形态的植物

图 11-19　新南威尔士州美术馆的建筑上面
　　　　　有镖形和椭圆形的设计

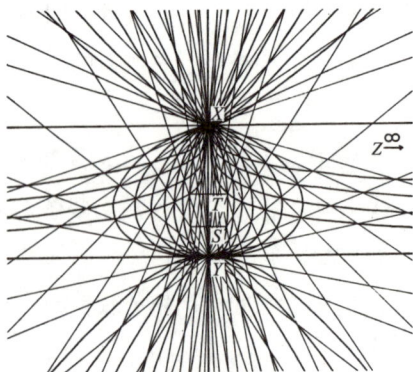

图 11-20　相同的路径曲线场中产生的芽苞形态和旋涡形态（摘自爱德华兹的《生命
　　　　　的旋涡》）

涡轮廓可以轻易地由 Y 提供。事实上，依据场中点的连接方式，可以有许多不同的轮廓形态。这些曲线由射线相交生成，所以总是有给出两组曲线的可能性，这取决于小矩形中哪条对角线的加入。

要注意的是，植物的外形以及生成植物的物质是有形的，但决定植物生长形态的东西则是无形的，即那些围绕着植物且定义植物界限的曲线。认识无形之物（通过几何学和想象力）和认识有形之物（通过感官）同样重要。你能想象得到真正造出甘蓝菜、甜菜以及苹果的正是无形之物吗？

当三角形的一个顶点在无穷远处时，路径曲线的轮廓会变成轴对称。我们可以在这个场中找到两种类型的曲线——绿色凸状和红色凹形的轮廓线（见图 11-21），二者的差别在于每次跨越多少个小的四边形，以及在哪个方向交叉（例如，红色曲线是由两条来自顶部的直线和一条来自底部的直线交叉所构成的）。

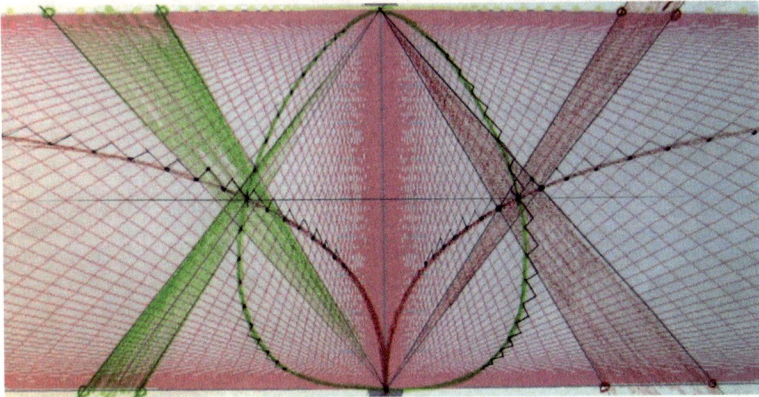

图 11-21　反向场的特殊例子，芽苞和旋涡形态并存

第12章 矿物界的形式

12.1 全实四面体的场域

在 9.3 节中，我们讨论过最简单的三维形式——四面体，以及由它所产生的各种形式。尽管已经进行过研究，但是到目前为止我们看到的都只是它空间形式的轮廓，即二维曲线。事实上，由四面体所产生的空间曲线是三维形式的。我们就从常见的四面体即全实四面体开始吧。

四面体有 4 个点（顶点）、6 条线（棱）和 4 个平面（面）。

我们可以想象由点、线或面所组成或定义的四面体（见图 12-1）。在 3.4 节中，我介绍过这些元素之间的相互依赖关系。

就像三角形一样，我们让直线在成长测度中进行变换。因此就四面体而言，在成长测度中有平面、点和线的变换。在图 12-2 中，蓝色的点沿着右边的线移动进行成长测度，蓝色平面在线上会向左边摆动，这两个动作是彼此联动的。两条蓝色的斜线虽然不能彼此作用，它们的行为却以一种相互关联的方式进行。绕着

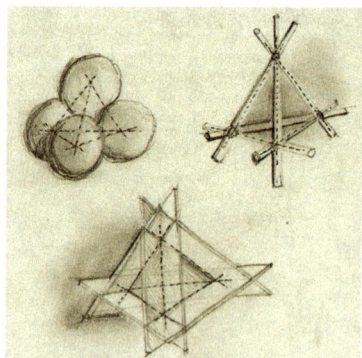

图 12-1 分别由点、线、面构成
的四面体

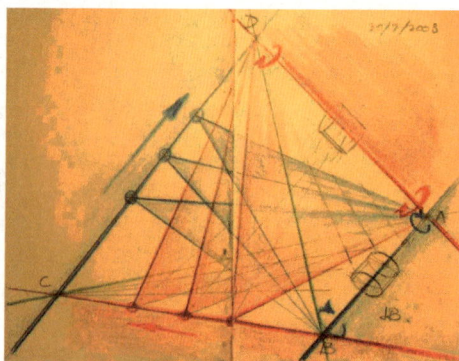

图 12-2 四面体中点和面在线上的移动

直线旋转的平面总是与斜线上平移的点相关联。

　　考虑一任意点 1，它可能位于四面体 *ABCD* 内的某个位置（见图 12-3）。请注意，这个点可立即用直线与四面体的 4 个顶点 *A*、*B*、*C*、*D* 连接，同时也可用平面和 3 条边 *AB*、*BC*、*CD* 连接。

　　将点 1 移动到新的位置点 2（见

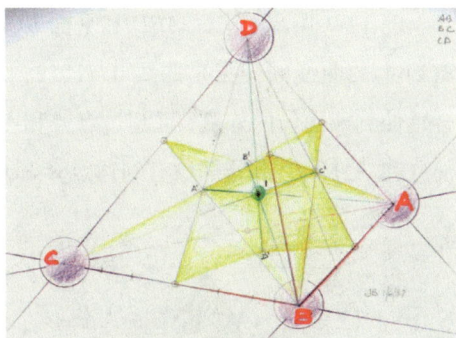

图 12-3　选取点 1

图 12-4），这个动作使得刚刚提到的所有直线和平面也跟着移动（绿色箭头），以保持原来的四面体不变。注意黄色平面和绿色直线的新位置，这样沿着四面体的 3 条边上的所有点的位置也确定了下来。因为是完整的设定，所以在每种情况下我们都能扩展其测度。

　　我们简单地用两个已知点和两个固定点建立一个成长测度，例如点 *A* 和点 *B*（见图 12-5），这是因为任意 4 个点确定这样的一个测度。

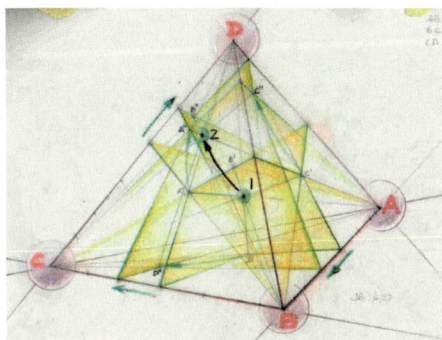

图 12-4　将点 1 移到点 2 的位置

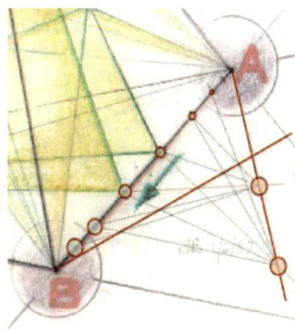

图 12-5　用两个已知点和两个固定点建立成长测度

　　同样，我们也可以沿着四面体的另外两条边——直线 *BC* 和直线 *CD* 绘制测度。现在整个运动已经确定了，因为上述步骤已经确定了其成长测度。这 3 个测度值可以不同，但一旦设定，剩下的所有边上的测度值也就确定了。现在，我们在曲线上绘制尽可能多的点，在图 12-6 中就添加了一些点。

图 12-7 强调了平面 *ABD* 和平面 *BCD* 上的路径曲线，来自点 *A* 的射线和平面 *BCD* 上的曲线的交集是曲线 0、1、2、3 必须经过的曲面之一。当然，整个曲线会延伸到四面体的外侧，远超过点 *A* 和点 *D*，横穿了整个空间，尽管曲线的"内侧"部分和"外侧"部分都没有到达点 *A* 和点 *D*。

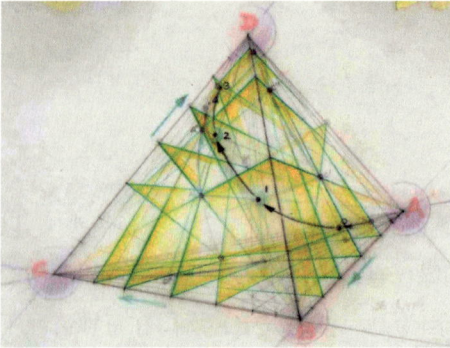

图 12-6　在路径曲线上添加点

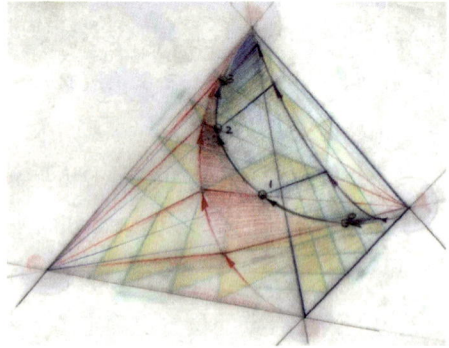

图 12-7　真实四面体内的路径曲线

这是全实四面体的一条路径曲线，这条曲线可以独立存在，也可视其为整个曲线族——就是路径曲面。我尝试在图 12-8 中指出这一点，尽管图中只显示了四面体"内部"的曲线。

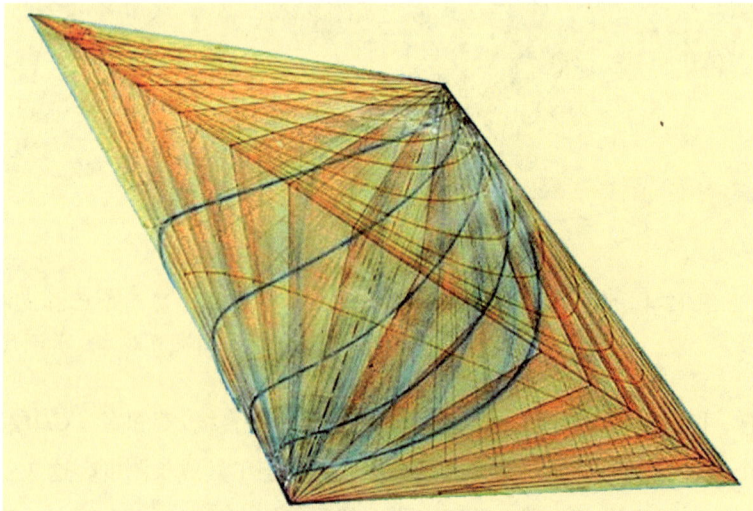

图 12-8　在一个全实四面体内的路径曲面

　　将上述路径曲面可视化并不容易，我发现做个正四面体的模型有助于我们进一步确认。这 6 条线可以被看成是相互垂直的 3 对斜线，我们利用细钢螺纹杆连接相对的边（见图 12-9）。在一个早期的模型上（见图 12-10），它们会产生些许的弯曲，所以在下一个模型中我使用了稍微粗一些的钢棒，模型每条边的长度为 1 m。为了固定整个系统的中心，我做了一个小木块（边长约为 35 mm），所有的钢棒都通过它（见图 12-11）。由于我不想切割这些钢棒（以便维持强度和对齐），它们会出现一些偏移，折中的方法就是取近似值。接下来的工作就是牢牢地固定外围的 4 个顶点，这些结合点很复杂（见图 12-12）。

图 12-9　两条斜线和一条垂直的直线：形成正四面体的 3 对斜线之一

图 12-10　正四面体的早期模型

图 12-11　模型的中心木块

图 12-12　末端的结合点

现在的任务是构建 3 个相互作用的平面。我简单地沿着两根钢棒的每一根标记成长测度，用绳子或细线成对地穿越整个系统（见图 12-13 和图 12-14）。尽管每根绳子都绷得很直，但路径曲面看起来是弯曲的。事实上，它是同时具有凹性与凸性的双重弯曲薄面，是一种固定在四面体上的对称"鞍形"，就像从四面体的 4 个角展开的遮阳布或帐篷。

图 12-13　有 1 个曲面的模型

图 12-14　有 3 个不同颜色曲面的模型

图 12-15 只显示了 1 个曲面，事实上有 3 个这样的曲面，每个曲面都是由 2 组直线定义的。为了强调曲面，我将红丝带编进网格中（见图 12-16）。在网格的中心，即鞍形部位的中间，我们看见曲面趋于平坦化。再次注意，曲面所包含的直线来自四面体的 4 条边，并非只是其中 2 条边。

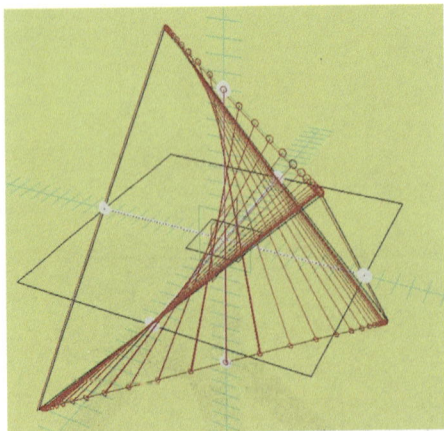

图 12-15　一个直纹曲面

图 12-16　鞍面

如果加入另外两个曲面（绿色和蓝色），它们分别与红色曲面垂直于中心的小木块处（见图 12-17），则会出现另一个不同寻常的特征：两个曲面既扭转又融合。

它们在中间扭转并远离彼此，在四面体的边线上又相互融合（见图 12-18）。从中心刚性的三维笛沙格框架，通过 3 个相交的鞍形，可以到达正四面体的边线。

图 12-17　3 个相互穿透的鞍面

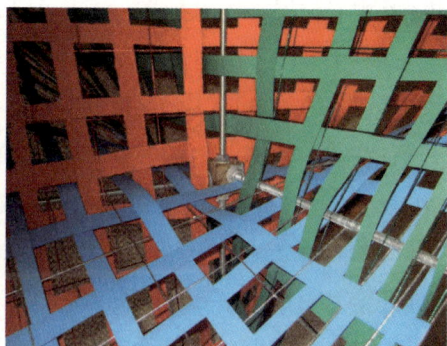

图 12-18　曲线相互垂直的中心

12.2 无限大的全实四面体

回过头来看四面体中心的相交线，我们可以看到一个立方体状的结构，这里面有两个四面体——在任何立方体中皆是如此。我在此分别用红色绳和绿色绳加以强调（见图 12-19）。然而，这个立方体状结构不是一个严格意义上的立方体，因为构成表面的绳没有在同一平面上（见图 12-20）。四面体愈大，表面就愈平坦，它就愈像立方体。实际上，当四面体无限大时，它确实会变成立方体。

图 12-19　中心立方体状的结构内
　　　　　有两个四面体

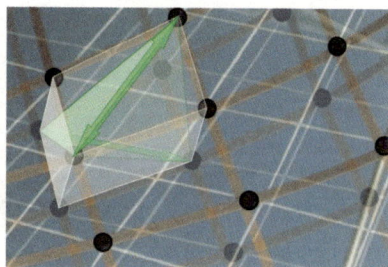

图 12-20　这个中心立方体结构实
　　　　　际上不是严格意义上的立方体

当四面体变得无限大时，会有两件事情发生：从"中心"往外移动时，3条线会保持彼此垂直，并且沿着四面体无限长边线的成长测度会变成阶段测度，以至于这些线表现为矩形网格的结构。图 12-21 试图呈现这一点。在中心位置，我们看见一个矩形棱柱，这样的一个实体可以在无限大的四面体中反复出现。

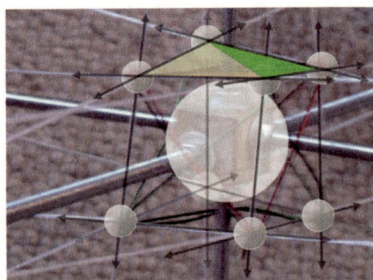

图 12-21　无限大四面体的路径曲面

这种同样大小的形式不断重复，类似于晶体的结构。我们可以想象这个无限大的四面体的辐射线的"流动"，这个"流动"源自四面体不同的边，朝着不同方向而去，但是有着相似的规律。这个四面体里会有一个类似于自然界中的驻波的场，规律的节点创造出与矿物世界相融合的结构。这显然不是晶体物理学的专业解释，但是我们可以感觉到，晶体结构与源自无限大全实四面体的场之间在特征上有一定的相似性。

12.3 晶体结构

晶体通常可以分为 6 种或 7 种晶系——因为六方晶系和三方晶系非常相似，所以有些权威学者将它们归为同一体系。这些晶系中的前 3 种基于直角，也就是说它们的轴线都是相互垂直的，它们分别是立方晶系（或等轴晶系）、四方晶系和斜方晶系。三者的不同之处在于边长的变化：等轴晶系是所有边长都相等（见图 12-22）；四方晶系为两边相等，第三边可以大于或小于这两条边（见图 12-23）；斜方晶系则是三边长度均不同（见图 12-24）。

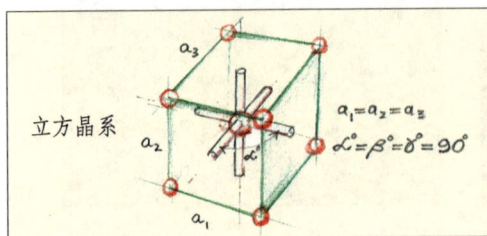

图 12-22　立方晶系（或等轴晶系）的晶体结构

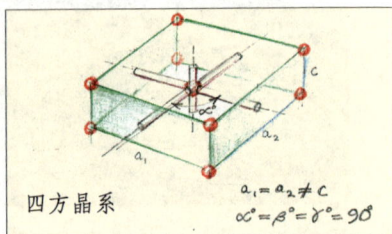

图 12-23　四方晶系的晶体结构

另一种体系是三斜晶系（见图 12-25）：相邻的边不相等，角度不相等，也不是直角。这是最常见的情况之一，虽然等轴晶系是最规律的。单斜晶系则是相邻边不相等，两个底角为直角，但第三边不与底面垂直（见图 12-26）。大多数的晶体都是单斜晶系。最后两个晶系是六方晶系和三方晶系。基本上六方晶系有一个 6 次对称的中心轴，而三方晶系则有一个 3 次对称的中心轴（分别见图 12-27 和图 12-28）。

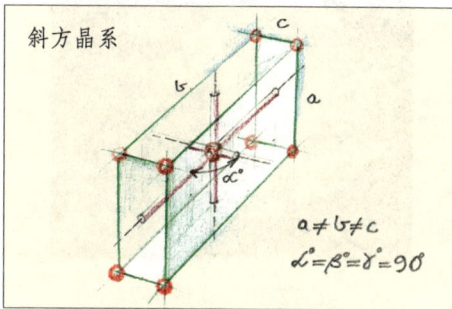

图 12-24　斜方晶系的晶体结构

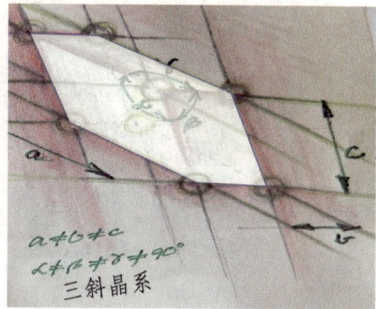

图 12-25　三斜晶系的晶体结构

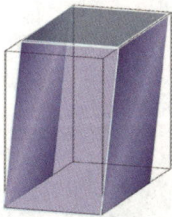

图 12-26　单斜晶系的晶体
结构

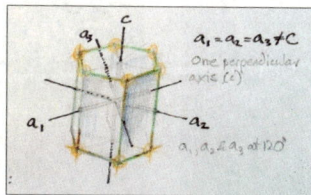

图 12-27　六方晶系的晶体
结构

图 12-28　三方晶系的晶体
结构

1784 年，法国晶体学家阿贝·阿羽依主张这些晶体形式的外在规律性"是基于微观（原子和分子）层次的对称性"，所以无论特定的晶体所显现的外表如何，它仍然是由相同的晶胞所组成的，其结构只是简单地重复而已。然而令人惊讶的是，我们称之为晶体的聚合体，通常可清楚地识别为某种特定材料，而简单的堆砌并不能完全解释其整体形式。

无限大的四面体在某种意义上是立方体和长方棱柱体形式的基础。这种形式的平面和四面体的 6 条无限长的边有关，如我们所见，这些边上的成长测度可以转变成等长的阶段测度。

有很多实物具有这种结构，例如食盐。而我最喜欢的是黄铁矿，俗称"愚人金"（见图 12-29 和图 12-30）。这种矿物具有最完美的立方体和矩形棱柱体结构。萤石、石榴石、方铅矿等多为立方体，但大自然的力量会将萤石分裂成不同形式，例如八面体（见图 12-31）。立方体晶胞的木块模型显示了如何堆砌出一个八面体——它明显不同于立方体的形式（见图 12-32）。

图 12-29　黄铁矿 1

图 12-30　黄铁矿 2

图 12-31　萤石裂解成八面体

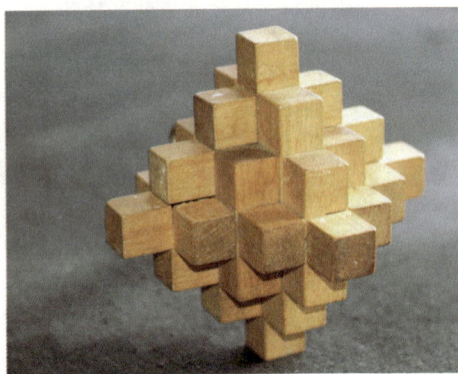

图 12-32　由立方体组成的八面体

这些晶胞可以建立的另一种形式是菱形十二面体（见图 12-33），石榴石通常为这种形式（见图 12-34）。立方体形式的另一个很好的例子是方铅矿（即硫化铅），图 12-35 就像一个由立方体砖砌成的小小景观。这种材料很容易分解，并且留下了多个矩形表面。

四方晶系（只有两边长度相同，且所有角都是直角）不同于等轴晶系，因为无限大四面体的边长不是全等的。具有这种结构的矿物包括金红石、锡石和符山石等。

在斜方晶系中，矿物的边长都不相等，但所有角仍然是直角。在无限大四面体相对的斜线对上会有 3 个不同的阶段测度，具有这种结构的矿物包括重晶石和橄榄石等。

在想象无限大的四面体时，我们忽略了路径曲面的一个奇异特征，那就是它们的方向。随着四面体的延伸，弯曲的鞍形表面变得愈来愈平坦，直到四面体无限大时，其表面会变得完全平坦。但与这些平坦平面相连的线相互垂直，所以这些表面实际上必须从四面体的一边旋转 90° 到另一边，但它们仍然保持平坦。现在，这里有一个扭转！

单斜晶系只有两个直角坐标轴，第三个坐标轴则呈现其他角度，具有这种结构的矿物包括石膏、绿帘石、天蓝石、多数云母、正长石（见图 12-36）和水铀

图 12-33　菱形十二面体的玻璃模型
（克里斯特尔·波斯特）

图 12-34　石榴石

图 12-35　方铅矿（即硫化铅）

图 12-36　正长石，单斜晶系结构
（澳大利亚博物馆，查普曼的藏品）

磷镁石（见图 12-37）。三斜晶系所有的角都不同，并且没有直角，因此它不再是正四面体。只有 7% 的晶体形式具有这种结构特征，包括蓝晶石、斧石、微斜长石（见图 12-38）、硅灰石和蔷薇辉石等。

图 12-37　水铀磷镁石，单斜晶系结构
（澳大利亚博物馆，查普曼的藏品）

图 12-38　微斜长石，三斜晶系结构
（澳大利亚博物馆，查普曼的藏品）

剩下的两种形式与四面体并没有太大关系。烟水晶（见图 12-39）是六方晶系结构中一个很好的例子；而三方晶系结构在大自然中类似六方晶系，这里也有一个让人惊奇的例子，那就是电气石（工艺品名为碧玺，见图 12-40）。

图 12-39　烟水晶，六方晶系结构

图 12-40　电气石，三方晶系结构

第 13 章　植物界的形式

13.1 半虚四面体

在第 10 章中，我们看到植物界（以及动物界的某些生物）在形态上呈现出与路径曲线的一致性。这是爱德华兹早期研究的重点，他继续将这种几何方法应用到空间中的形式上。形成这些形式所需要的四面体是半虚四面体，并非我们在前一章中所看到的全实四面体。我们曾在 9.2 节研究过这个半虚四面体的例子。半虚四面体有 2 条实线（1 条竖直线和 1 条在无穷远处的水平线）以及 2 个实点（在竖直线上），其余的元素（4 个平面中的 2 个、4 个点中的 2 个和 6 条线中的 4 条）都是虚构的。虚构的元素由运动而得。

在竖直线上，实线的元素是成长测度，而非在无限大四面体上同等大小的阶段测度，但在无穷远直线上的相同测度是由于围绕局部竖直实线的角度相同而产生的。这些规律的变化决定了点、线、面 3 种元素的行为，构建起自然界中我们感兴趣的形式场的路径曲线。

如前所述，1976 年爱德华兹在澳大利亚时，我开始了这个研究。基于工程背景，我想知道是否有可能找到一个能够处理生物曲线的系统。我现在仍保留着当时为这个特殊四面体所画的第一张路径曲线透视图（见图 13-1）。它是从最容易处理的点元素开始绘制的。要注意的是，顶部平面（蓝色螺线）和底部平面（红色螺线）的两组路径曲线朝相反的方向旋转：蓝色螺线顺时针旋转，红色螺线逆时针旋转。这些场适用于通过最高点和最低点以及无穷远处的直线的平面。

建立这个四面体后，我们现在可以在两个平面中运用其中的两个场，这两个场之间的距离是任意的，并以相反的方向绕着竖直实轴旋转。在图 13-2 中，一个蓝色螺线被放在顶部平面，一个红色螺线被放在底部平面。从上往下看，两条螺线都是顺时针方向。这两条曲线是点 / 线对作用的结果（过程可参见第 8 章的图

8-20）。下一步是让底部的红色螺线反方向旋转，并在这两个方向上都乘以螺线的数量（见图13-3）。

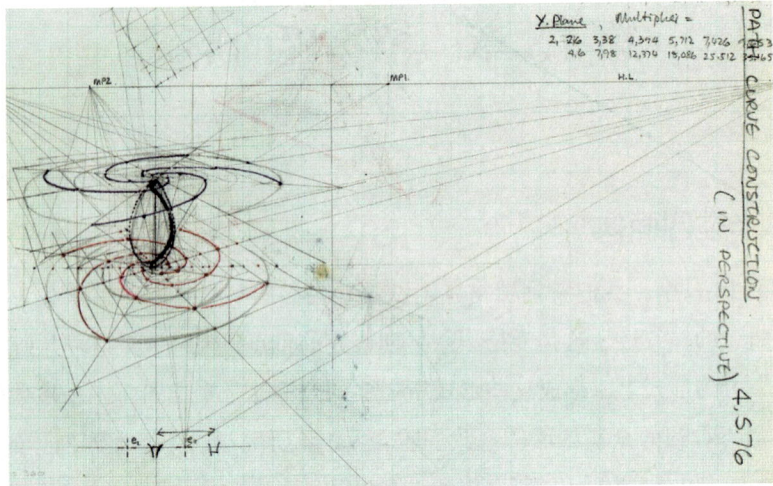

图 13-1　路径曲线透视图

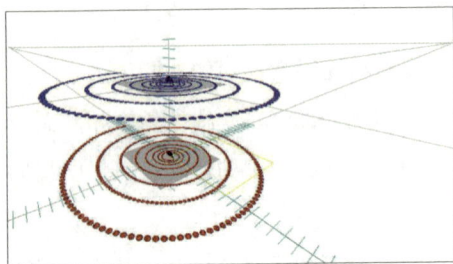

图 13-2　两条顺时针旋转的螺线

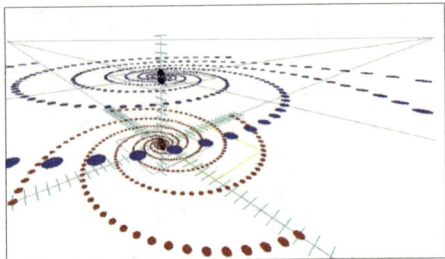

图 13-3　红色螺线反方向旋转

　　在两个实点间会形成直线（和平面）的圆锥螺线，一开始绘制时我们几乎看不出来，但图13-4清楚地展现了这一点。在这里，我们有两个平面以及两个点上的二维螺线。现在，我们可以看到这些元素如何相互作用了。

　　如同最初绘图时只有一条路径曲线，我设定计算机也只绘制一条曲线。为此，我只使用一个在顶部平面的螺线和一个在底部平面的螺线，以及它们在两个定点上的对应部分。检视曲线的方法之一是观察圆锥上的直线是否相交，如图13-5所示，我标记出了直线对的交点路径（黄色点）。可能的路径有许多条，这是其中一条的一部分。这条曲线持续围绕着中心垂线（见图13-6至图13-8）。

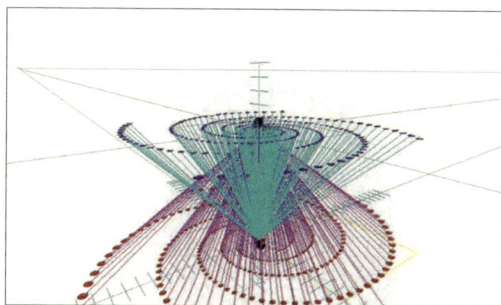

图 13-4　圆锥螺线

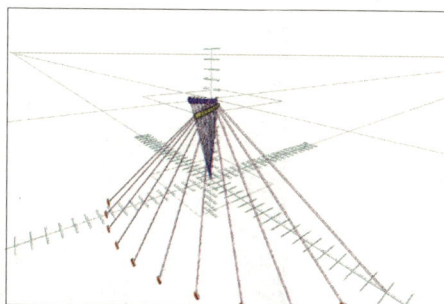

图 13-5　直线对的交点路径（黄色点）

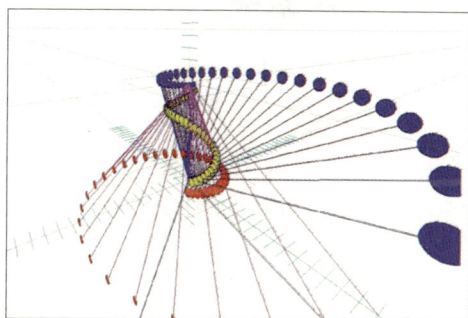

图 13-6　路径曲线形式的延拓

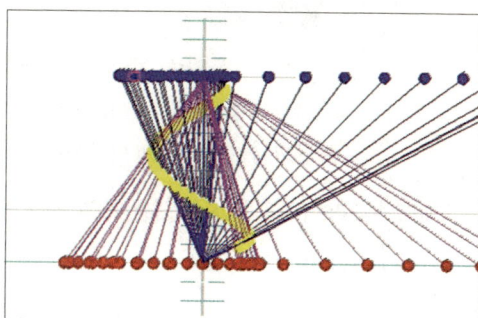

图 13-7　正视图

　　最初我只画了 4 组螺线。这个有着 4 组或其他更多空间曲线的东西看起来像什么呢？通过简单的程序生成图 13-9，它显示了绕着中心垂线移动的 15 条相同曲线，这些曲线绕着轴扫出一个蛋的形状（图 13-10 和图 13-11 展示了其他的蛋形路径曲线）。从上往下看，它在各水平面上的横截面都是圆形。植物界所呈现

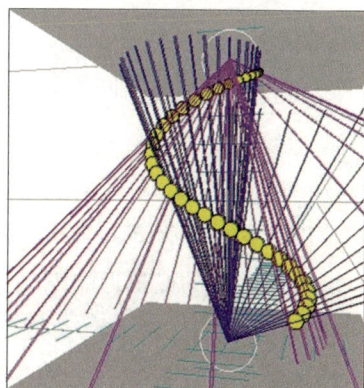

图 13-8　相交圆锥螺线的特写

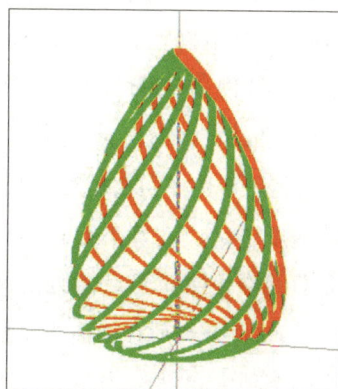

图 13-9　多条路径曲线

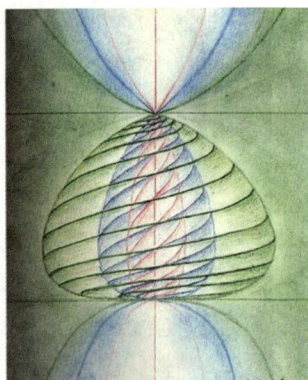

图 13-10 蛋形路径曲线［奥利芙·惠彻,《太阳与地球间的植物》(*Plant between Sun and Earth*)］

图 13-11 我在研究初期制作的彩色玻璃蛋形工艺品

的主要是这样的圆形水平截面。这些横截面只是 S 形旋转曲线的一部分吗？它们是一条旋转的路径曲线吗？

13.2 λ、ε 和节点律动

如同我们在 10.4 和 10.5 节所见,不同芽苞或蛋形的整体形式可能会有所不同。爱德华兹以 λ 值作为描述这些形式的因子。图 13-12 所展示的 λ 值是由空间中的螺线旋转产生的形式,而非像前文中通过任意的水平截面产生。

另一个因子是曲线斜率变化的方式,爱德华兹称之为 ε。ε 值的范围从零（曲线只是绕圈,没有倾斜的形式）到无穷大（曲线只是向上或向下延伸）,如图 13-13 所示。在植物界中,我没有遇见过 ε 为零的情形,也只有在海胆身上见过垂直的情形（植物几乎不可能）。植物界中的 ε 值为从零到无穷大之间几乎所有可能的值,ε 值曲线可以沿任意方向前进。

还有另一个因子可以改变,我称之为节点律动,尽管它可能更适合被称为沿螺线的测度。它代表着节点在曲线上移动的速度或移动的方式。对我来说,它代表着曲线在无穷远处和近处之间的运动,反映出遥远的或最近的距离。在图 13-14 中,这些节点所在的曲线完全相同。

这些选项大自然似乎全用上了,所以我们若是想要分析一个自然的"工艺品",使用计算机是有帮助的。这意味着我们要用代数形式来定义曲线,这样才

能编写程序，大幅提升分析的速度。20 世纪 70 年代早期，爱德华兹仍使用对数计算尺进行计算。1982 年，他获赠了一台计算机，并寄给我一幅用计算机画出的芽苞曲线小图，如图 13-15 所示。这激励我尝试类似的东西，当时我只负担得起一台卡西欧手持式可编程计算器的费用，虽然它的外形看起来很简陋，但画出来的曲线相当精细（见图 13-16）。

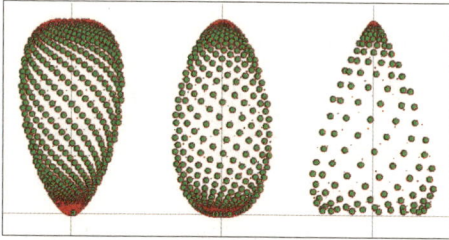

图 13-12　λ 值的变化（从左边开始：0.5、1.5、5.0）

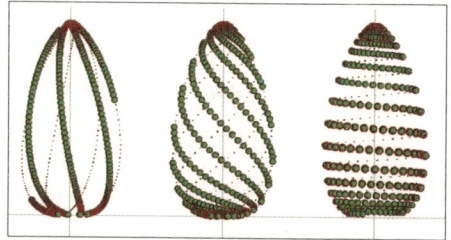

图 13-13　ε 值的变化（从非常大到几乎接近于零）

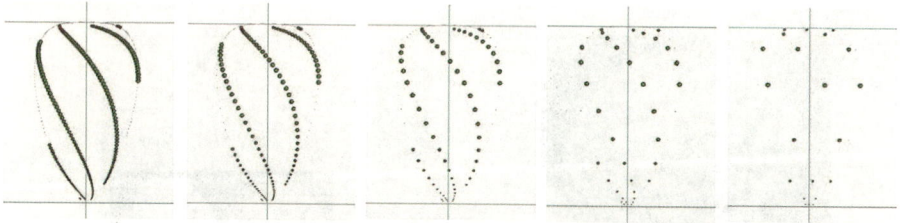

图 13-14　节点律动或沿螺线的测度（2° ~ 32°）

图 13-15　1982 年爱德华兹用计算机绘制的图

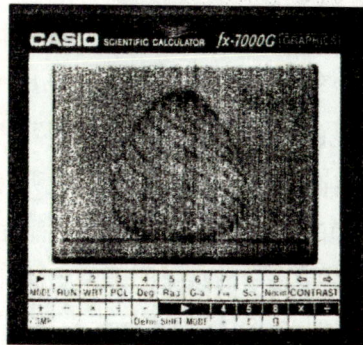

图 13-16　利用卡西欧手持式可编程计算器绘制的图

13.3 植物形态

我们现在的挑战是测试这些优雅的几何形式是否与可见的物理现象相符，注意不仅是指在第 10 章讨论过的轮廓线，还包括三维空间中的形式。

爱德华兹在这一领域研究了一辈子，所以我的探索有一部分是为了亲自证实其研究结果，如果可能的话再往前推进一步。

在林间散步时，我发现了鼓槌花的头状花序（见图 13-17）。这小小的头状花序看起来就像凸路径曲线的轮廓，所以我开始计算两个方向上的螺线。它有 21 条顺时针螺线和 13 条逆时针螺线（见图 13-18），这两组螺线当然是连续的斐波那契数，这在植物界非常普遍且被广泛描述（如科尔曼、库克等人），但几乎没有人真正做出解释。紧接着，我通过一个路径曲线程序绘出了螺线图，然后和实际的头状花序配对。就进行的第一次关联性评估来说，虽然不够完美，但轮廓和螺线的形状都让人比较满意。

图 13-17　鼓槌花的头状花
序（鼓槌木属）

图 13-18　鼓槌花分析所得的两条螺线（顶部）、组合后的螺线和实际的鼓槌花（底部）

就帝王花的花苞（见图 13-19）来说，我想知道是否能在花苞顶端放置一条路径曲线，并且两条螺线有相同的轮廓。所以，我编写了一个简单的程序，可以在花苞两端点间的任意曲线上取得两点，并能描绘一条路径曲线通过这 4 个点。这 4 个点确定了这条曲线。我们分别绘制一条逆时针螺线（红色）和一条顺时针螺线（绿色），同时给出两个轮廓（见图 13-20）。让我惊讶的是，这两个轮廓重叠时如此吻合，差异不到 1 mm（这里使用的是原始作品旧的复本，所以有些地方不是很清楚）。

为了更具说服力，我们需要分析更多的花苞，但那时我没有时间也没有兴趣这么做。

图 13-19　帝王花的花苞

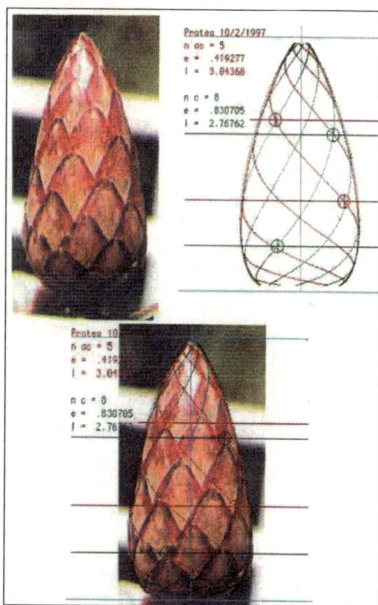

图 13-20　对帝王花的分析

　　澳大利亚有许多苏铁，其雄花的锥体外形让人不禁想要测量。要使用我常用的分析程序，首先得拍照（见图 13-21），然后用铅笔在描图纸上描绘出一个大概的轮廓（见图 13-22），接着在选定的逆时针螺线（红色）以及顺时针螺线（绿色）上分别取两点。

　　我们选择的螺线都在雄花锥体的中段（见图 13-23）。接下来，记录分析过程

图 13-21　苏铁的雄花　　图 13-22　描图纸上的初步分析　　图 13-23　选择过程

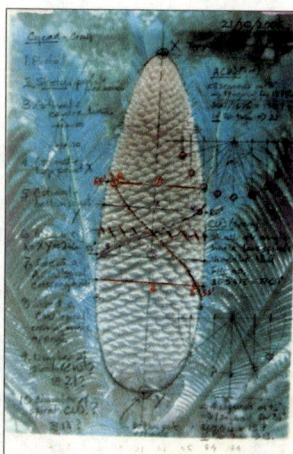

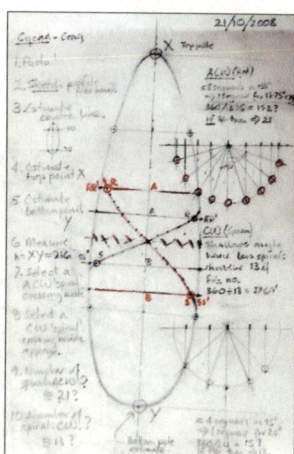

中生成的数据（见图 13-24 和图 13-25）。最后，比较程序所画出的图和真实的锥体（见图 13-26），重叠部分显示二者在中段区域有良好的对应关系。一般而言，我通常只画出全部高度的 4/5 作为端点，因为当几何学走向无穷大时，自然界不能也无法跟随。对螺线中段区域的特写显示，并不是所有的点都能精准对齐，尽管它们总体上有很好的对应关系（见图 13-27）。我们无法期望匹配的精度不变，因为植物是在不断变化的环境中生长的。

我的另一个尝试是一株小小的仙人掌（见图 13-28）。我画出了俯视时所见到的仙人掌不同方向的螺线（见图 13-29 和图 13-30），逆时针螺线有 13 条，顺时针螺线有 21 条。这为程序提供了基本的输入值，剩下的数据就来自对照片的测量，结果如图 13-31 所示。因为斜率的缘故，由计算机程序所得出的路径曲线与仙人掌上的尖状节点相当吻合。

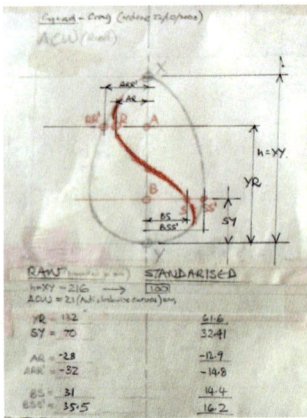

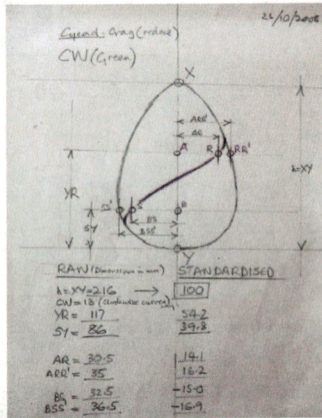

| 图 13-24　逆时针螺线的数据 | 图 13-25　顺时针螺线的数据 | 图 13-26　苏铁和路径曲线的重叠情况 |

图 13-27　对螺线中段区域的特写　　图 13-28　仙人掌

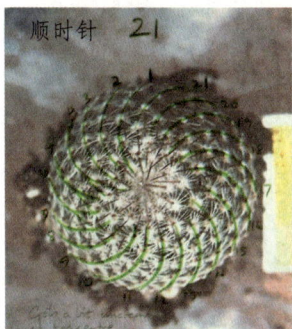

图 13-29　顺时针螺线　　　图 13-30　逆时针螺线　　　图 13-31　对仙人掌的分析

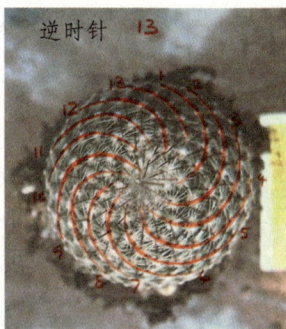

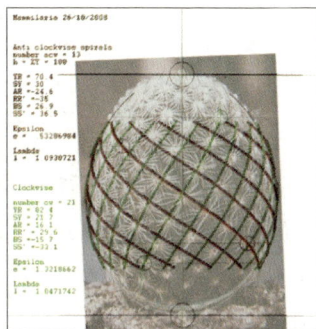

　　但是，这看似合理的数字计算却不适用于其他曲线的实际节点。我对此感到疑惑，但无论如何还是将它记录了下来。然而，单独被确定的仙人掌的轮廓（只有 X 和 Y 的假设位置是相同的）与实物没有太大的差异，如图 13-32 中的红色和绿色轮廓线所示。

　　分析的第一步是决定使用哪条螺线。这里有几种可能，而我通常选择连接 4 个最近节点的螺线（形成的四边形最小且最接近正方形）。我的第一个例子是菠萝，选择的形式如图 13-33 所示，图 13-34 则是另一种选择。按照通常的程序，最终的结果如图 13-35 所示。到目前为止，我写的程序只能做到符合任意曲线上的两个点的实际情况（必须有人写一个更符合这些点的情况的程序）。再一次取整个形式中间 2/3 的部分，轮廓线或路径曲线只有在通过种子中心时才与真实的菠萝最相符——和上下两极的对应关系逐渐消失。在中间区域，我们看到了沿着

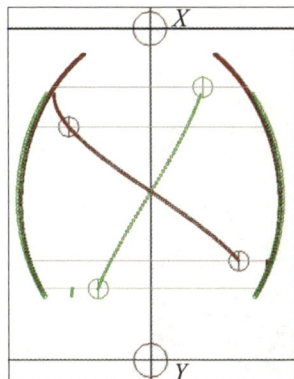

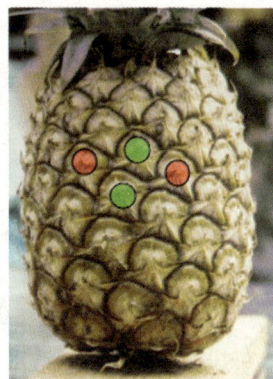

图 13-32　仙人掌的轮廓　　图 13-33　菠萝的四边形　　图 13-34　四边形的另一
　　　　　　　　　　　　　　　　　选择　　　　　　　　　　　种选择

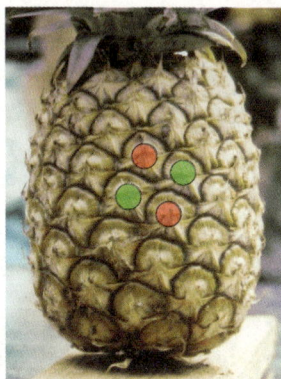

曲线节点的移动情况以及围绕中心的曲线数。这里又有两个连续的斐波那契数：8（逆时针）和13（顺时针）。

另外，我们研究了一种有着尖刺的澳大利亚鱼类，它叫澳大利亚松球鱼。我联系了《澳大利亚海洋鱼类指南》（*Guide to Sea Fishes of Australia*）的作者兼摄影师鲁迪·库特，他好心地寄了几张非常棒的照片给我（见图13-36）。出于好奇，我想知道这条小鱼的外形与曲线分析的对应关系。我们必须假设鱼身的横截面是圆形，虽然这当然不适用于大多数鱼的情形。我们需要定义端点，这也是困难的事情。经过例行的程序后，结果清楚地显示了松球鱼的轮廓。

同样明显的是，松球鱼身上只有极少数螺线粗略地与路径曲线相吻合（见图13-37）。鱼鳞本身是另一个问题，虽然这完全在意料之中，但还是值得尝试。

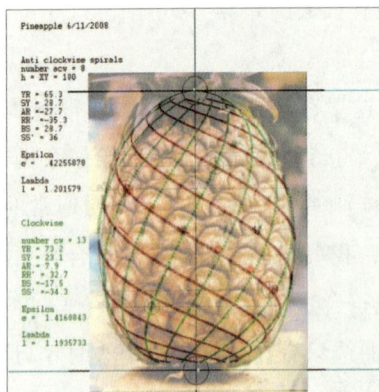

图 13-35　菠萝和路径曲线重合，其中 λ 值分别为 1.20 和 1.19，ε 值分别为 0.42 和 1.42

图 13-36　澳大利亚松球鱼（鲁迪·库特）

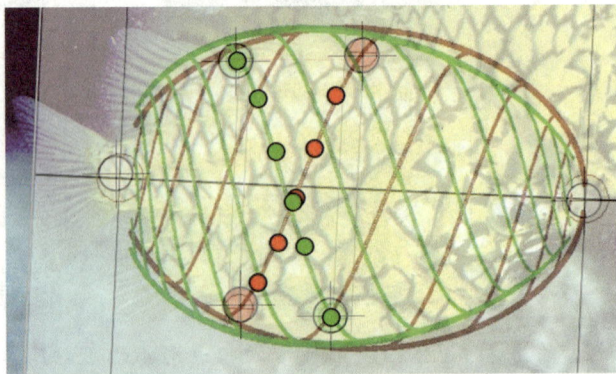

图 13-37　澳大利亚松球鱼身上的螺线和路径曲线重叠的效果

为了说明一些微观的例子，《数学物理通讯》（*Mathematics Physics Correspondence*）的编辑斯蒂芬·埃伯哈特分析了显微镜下可见的眼虫（一类介于动物和植物之间的单细胞真核生物）的螺线，得到 λ 值为 1.75、误差值为 15% 的结果（见图13-38）。

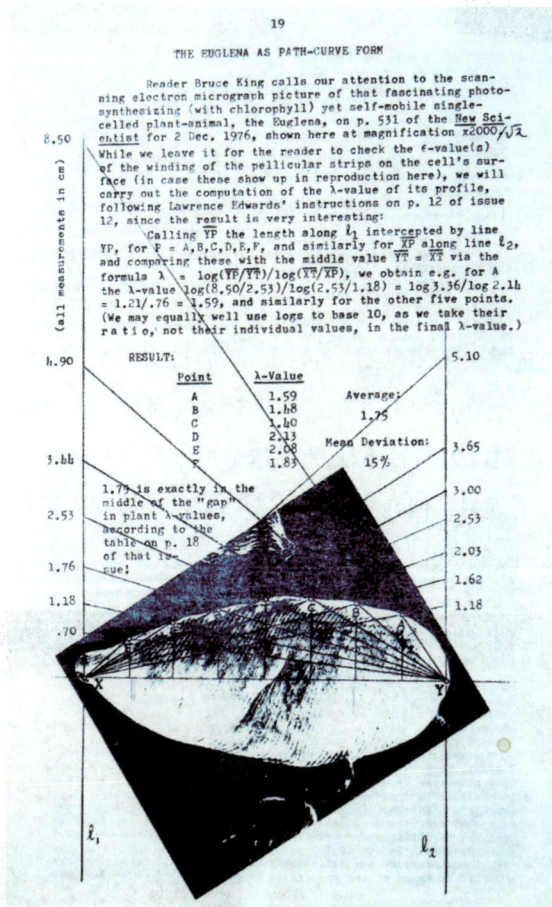

图 13-38　对眼虫的分析（《数学物理通讯》，第 19 期）

某种主要生长于微咸的水中的植物有着微小的子实体（高等真菌的产孢构造），彼得·格拉斯比研究的主题正是它的藏卵器化石（见图 13-39），他的研究引起了我的注意。毫无疑问，化石上有一条路径曲线，但这种曲线只有逆时针方向的（在泥盆纪之前，路径曲线为逆时针方向）。化石的长度只有约 1mm，但有

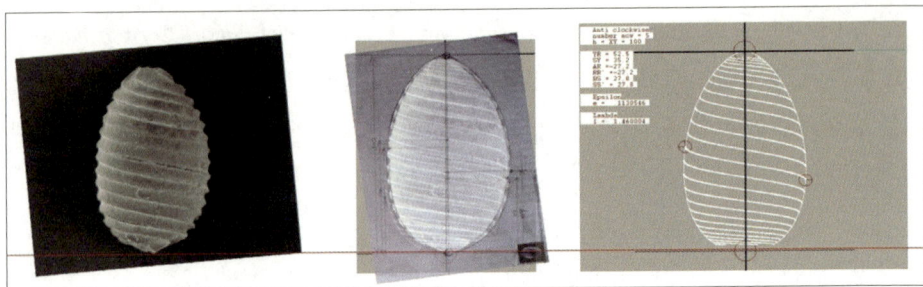

图 13-39　某种植物的藏卵器化石

明确的结构。在化石中部，也就是大概 2/3 全长的位置，绘制的曲线与真实情况非常吻合（见图 13-40）。

到目前为止，我们所描绘的形式都有着尖锐的顶部和圆润的底部。然而，自然界中还有些相反的例子，特别是许多处于开花阶段的花卉。

看看帝王花的花瓣尖端（见图 13-41），我们再次假定一对连续的斐波那契数符合它的情况，实际上在这里有 8 条逆时针螺线（陡峭倾斜）和 5 条顺时针螺线（见图 13-42）。当我们以另一种方法呈现这个形式时，λ 值为 0.61（小于 1）。虽然靠近两端的配对不理想，但在中间区域（标记为小黑点）的情况则非常接近真实花瓣的尖端（见图 13-43）。

图 13-40　分割图像对比更鲜明

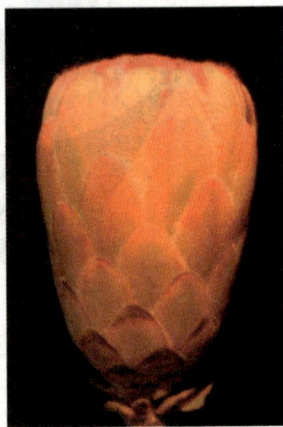

图 13-41　帝王花

下一个例子是一朵在顶端绽放的花，只有花朵底部的部分呈现芽苞的形状。为了分析这个例子，我们必须想象在物理空间中有一个最高点。这朵不知名的花来自澳大利亚西部，多年前我曾估计并绘制了它的轮廓（见图 13-44），但那时我还没有找到方法检验花瓣曲线的位置。现在，我们在分析螺线时可以看到即使螺线没有刚好通过标记点，它们也几乎有相同的斜率，并呈逆时针（红色）和顺时针（绿色）旋转方向（见图 13-45）。

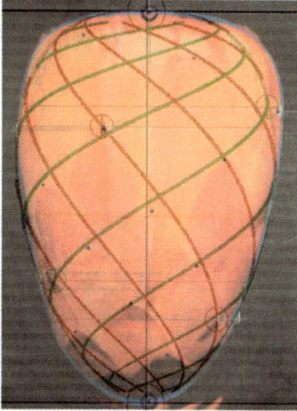

图 13-42　帝王花的螺线　　图 13-43　选择螺线的关键点

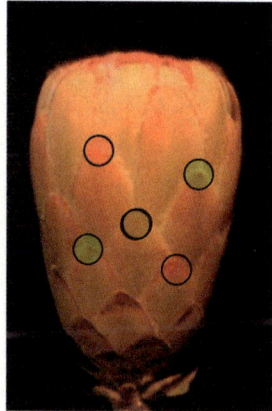

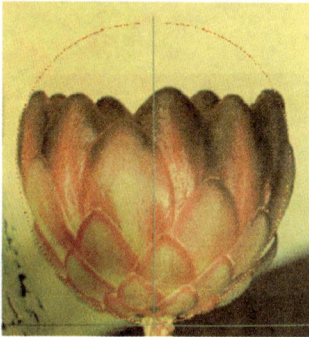

图 13-44　一朵绽放的花　　图 13-45　花朵与路径曲线的重叠

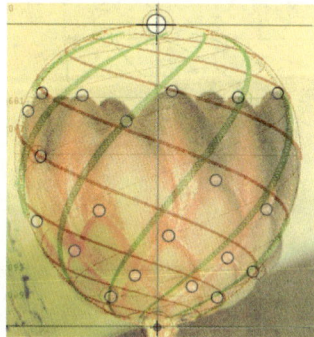

13.4 形态场

令人惊讶的是，自然界中有非常多的例子遵循这种几何学，二者仿佛是自然空间与其对立空间的交会。这种真实空间与想象空间的交会产生了植物世界的形态场。这些场域可能与谢尔德雷克的形态场很像，理论上有着非常广阔的范围，并且和数不清的其他场互动。如图 13-46 所示，中心的"芽苞"只是整个结构的一小部分。我们看到一条曲线，但同一个场中可以画出任意多条同一曲线族的曲线，位于平行线上方和下方的两条曲线实际上是通过无穷远点的同一条曲线（或许很难想象，但就几何学来说这种情况很容易呈现）。

在空间中（不局限于一个平面上），这个场几乎是不可能画出来的，图 13-47 只是我画出的空间场的一个表面。

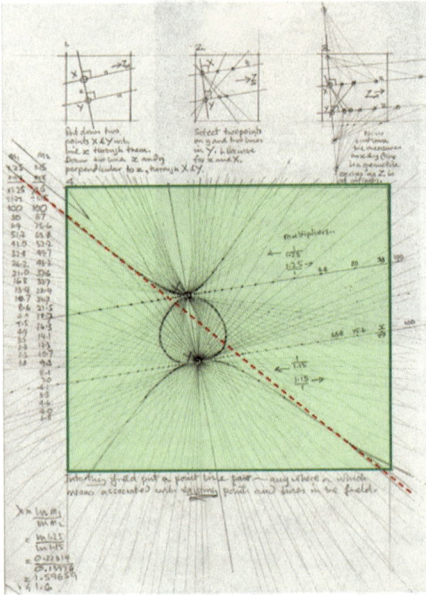

图 13-46　"芽苞"的轮廓结构

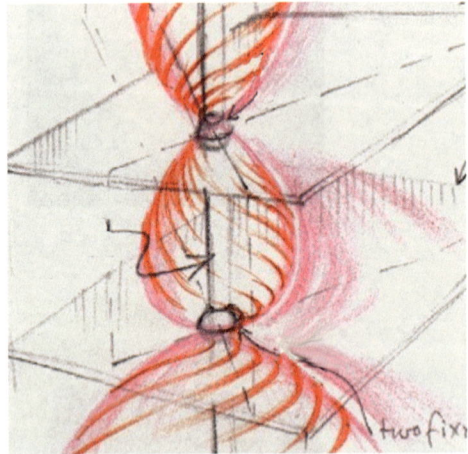

图 13-47　空间场一个表面的素描

当然，随着植物的生长，曲线表面会发生变化。当芽苞绽开时，尽管可见的部分变得更大，但整体形式中也有愈来愈多的部分变得不可见（见图 13-48）。近期的研究显示，这样的变化是有迹可循的，而且形式因子 λ 的值（也许还有 ε 的值）也随之改变了。接下来是对这种变化形式的初步探索。

图 13-48　芽苞绽放的过程

13.5 芽苞随着时间的变化

我们都很熟悉花朵的绽放和闭合情况，即使平常没有多加留意。

这种简单的开合是植物形式变化的明显证据。那么，这种变化可以被理解为一种明确的转变吗？

爱德华兹用橡树（见图 13-49）和山毛榉等植物的芽苞来研究这些变化，有一天在检视过去的观察结果时，他发现 λ 值有微小的变化。在 6 个月的休眠期间，橡树的芽苞会有微小的变化，直到树叶突然急速生长（见图 13-50）。在最初的几个月里，芽苞会逐渐变大，然后稳定下来，尺寸几乎固定不变了，但并非一个恒定的形式（见图 13-51）。在这几个月里，λ 值的微小变化透露着一种生命的脉动。每隔 14 天左右，λ 值就会短暂地微幅下降，这意味着芽苞的轮廓变得略微更像椭圆形，也就是说顶端的锐利度会稍稍减小。所以，在这段时间间隔内我们会看到 λ 值在相对周期内趋于变小，爱德华兹在《生命的旋涡》和一些补充材料中写到了这一点。

图 13-49　悉尼的橡树　　图 13-50　橡树的芽苞　　图 13-51　橡树芽的高度约为 6.5 cm

橡树芽似乎以两周为周期规律地变化，大约每两周 λ 值就会减小一点。爱德华兹认为这个变化与月球和火星的相位变化（大约每两周）有关。乍看之下这似乎令人惊讶，但是当我们考虑到围绕每个芽苞的几何场可以延伸到无穷远从而将火星包围时，也许就不会那么难以相信了。然而，这些年来一个显著的转变使得情况变得更为复杂，格雷厄姆·考尔德伍德在《生命的旋涡》2006 年的版本中进行了阐述。

在澳大利亚，夏栎（一种橡树）是一种从欧洲引进的野生植物。我拍摄了附近一棵大夏栎的芽苞,这棵树的位置位于南纬33.35°、东经151.1°。这可能重要,也可能不重要,但仍先记录下来,以防这个现象和经纬度有关。

为了拍摄芽苞,我摘除了几片非常靠近芽苞的叶子——动作十分小心,以免影响树的生命力。芽苞非常小,从1月到8月(南半球的夏季和秋季)它们高度的变化为5~7 mm不等。我通常选择那些在低处,且容易接近的树枝末端上的芽苞。

我每年至少会选取3个芽苞,无论天气如何,每天都会拍摄芽苞的照片并记录下拍摄时间。我通常在12:00到16:30之间拍照,我认为这个时间不是太重要,但仍有待验证。相机光圈值设置为f/8,快门速度为1/60 s,芽苞被放置在离相机镜头前方约150 mm的小孔中(见图13-52中的箭头)。我仍然使用100 ASA富士彩色底片;黑白底片对于显示芽苞的轮廓是足够的,但可能当未来要探究其他方面时无法回溯制作数据,不过目前我们只针对芽苞的轮廓。

冲洗完成后,我把照片寄给苏格兰的格雷厄姆·考尔德伍德进行分析,格雷厄姆已经开发出一些优秀的软件来分析芽苞(和其他相关)的轮廓(见图13-53)。

图13-52 配备腾龙微距镜头的
宾得相机和托架

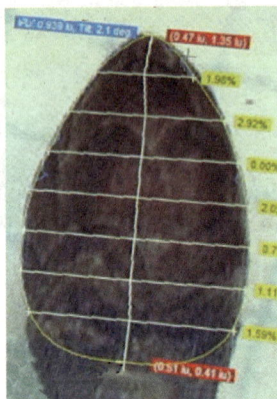

图13-53 对橡树芽苞的分析

程序会在光标勾画出夏栎芽苞的轮廓后给出λ值,并且也给出了误差的大小。在检查每天的数据并这样过了几个月之后,λ值的变化可以列成一张图表。结论是:λ值总体变化不大,但具有明显的规律性。图13-54显示了在变化周期(两周)内夏栎芽苞λ值的变化,可惜芽苞没有展现出对火星的"忠诚",但有段时间它似乎和土星或木星的变化规律有关,然后转向金星。显然,我们还需要进行更多的研究才能得出比较符合实际情况的结论。

爱德华兹对此进行了超过 15 年的研究，他指出，这种关联性不只是橡树才有，在其他植物的芽苞上也会出现。他发现山毛榉似乎对月球和土星的周期性变化规律有所反应，樱桃树则呼应于太阳，下面的示例是他对山毛榉树的研究（见图 13-55）。

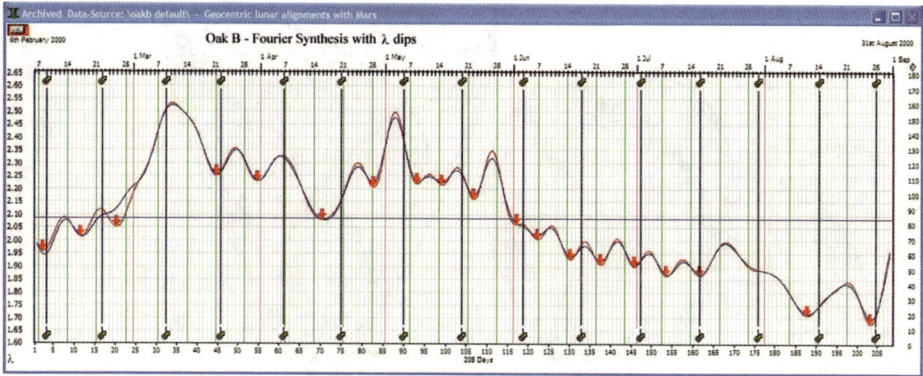

图 13-54 夏栎芽苞的 λ 值分析

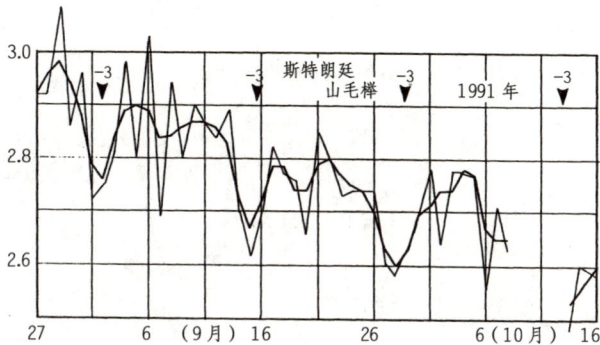

图 13-55 1991 年爱德华兹在苏格兰观察到的山毛榉芽苞 λ 值的平均变化（土星和月球的变化周期显示为向下的小箭头）（爱德华兹，《生命的旋涡》）

13.6 苏铁叶随着时间的变化

我观察美丽的苏铁多年（如 13.3 节所见），当苏铁的叶子长出来时，它们会在前一季旧叶的杯状底部形成一个小圆顶。这个圆顶会迅速发展成一个直立细长的蛋形，然后顶部变得更像球状，直到几乎呈倒圆锥状。紧接着，叶子开始偏离中心线并弯曲，整体展开变成像旋涡一样的形状，我能想象出这一连串的转变

（见图 13-56）。

我对苏铁进行了一整周的观察（见图 13-57），但关键在于这株植物是否经历

图 13-56　苏铁叶绽开过程的推测性草图

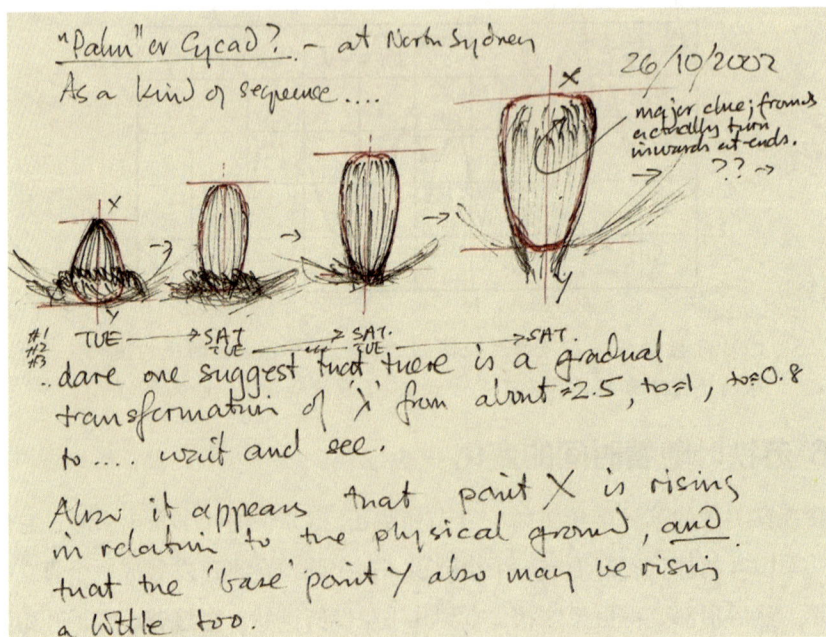

图 13-57　观察记录

了上述所有过程。我热切地看着它，特别是当它出现倒芽的形式时（见图 13-58），但最终叶子还是在顶端舒展开。如果这个顺序是正确的话，那么有一个阶段是叶尖稍稍向内转，而中部空间是打开的。这个阶段刚好是在叶子变成倒圆锥状之前，此时 λ 值为零，在它绽开之前，λ 值会变成负数。

会是这样吗？如果真是如此，那么表示这个序列就像我所想的那样。是的，它肯定是这样，因为从那之后我陆续观察了很多次，结果都一样（见图 13-59）。请注意，叶片的尖端就像预期的那样向内卷曲，但中心是开放且空的。在这之后，苏铁叶逐渐变成旋涡状。

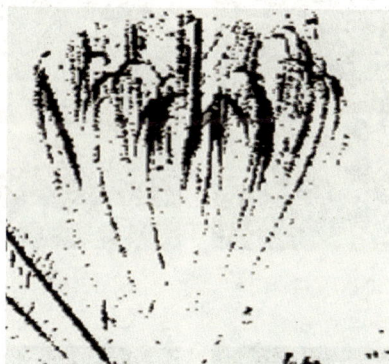

图 13-58　至关重要的倒锥状阶段　　图 13-59　在关键时刻的苏铁叶

现在，我需要更多的数据。尽管在操作上有困难，但我仍顺利完成了几个序列，图 13-60 到图 13-78 展示了一些我挑选的图像。显然，实物与理论图形的对应关系并不精确，但有一个不可否认的趋势：一旦叶片绽开成旋涡形式，这个形式将更严格地遵循几何旋涡的变化规律。

根据时间顺序所绘制的 λ 值呈现了直线式的下降趋势，相较于大自然通常更为复杂的机理，这一结果似乎太过简单。我多少捕捉到这个过程中可观察到的起始点（11 月 11 日），仅仅在 22 天后（12 月 3 日），植物就开始向它的旋涡形式转变，并且尺寸大大地增加。同时，我还观察了主要茎干上的那些细小的叶子。

即使到了 12 月 7 日，叶片也尚未完全直立，仍相当柔软和脆弱，这表明有些变化仍持续进行着。

我预期在几天或几周内叶片会缓慢且渐进地展开，而且我认为在一天内这个

观察苏铁叶的绽开，每隔两天素描芽苞的形状

图 13-60　11 月 8 日

图 13-61　11 月 9 日

图 13-62　11 月 10 日

图 13-63　11 月 11 日

图 13-64　11 月 12 日

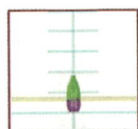

11 月 11 日

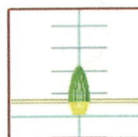

11 月 13 日

图 13-65　11 月 13 日

图 13-66　11 月 14 日

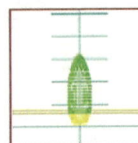

11 月 15 日

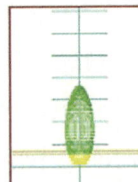

11 月 17 日

图 13-67　11 月 15 日

图 13-68　11 月 16 日

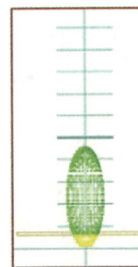

11 月 19 日

图 13-69　11 月 20 日

图 13-70　11 月 21 日

图 13-71　11 月 22 日

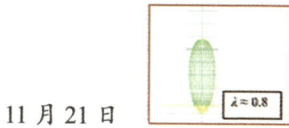

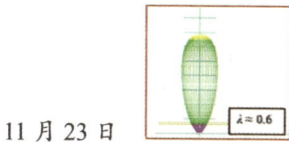

11 月 21 日　$\lambda \approx 0.8$

11 月 23 日　$\lambda \approx 0.6$

图 13-72　11 月 23 日

图 13-73　11 月 24 日

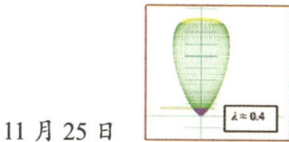

11 月 25 日　$\lambda \approx 0.4$

11 月 27 日　$\lambda \approx 0.2$

图 13-74　11 月 25 日

图 13-75　11 月 26 日

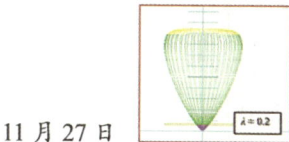

11 月 29 日　$\lambda \approx 0.07$

12 月 1 日　$\lambda \approx -0.1$

图 13-76　11 月 27 日

图 13-77　11 月 28 日

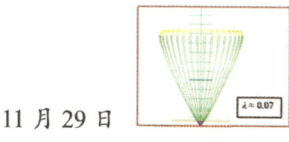

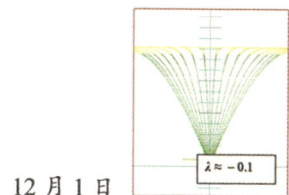

渐进的过程会变得愈来愈明显。所以，我每隔几小时拍摄一张照片，期待着渐进过程的"巨大"改变。我很惊讶地发现，叶片慢慢展开，然后逐渐地闭合成了一点。这是一个我没有预想到的、明显的生命的呼吸或脉动。

这些观察记录和初步的结论还需要更多的研究来支撑，但它们引出了更多的问题。例如，和苏铁相同，如果将场的上下两极转换会如何呢？你可能认为就整体来说，不可见的形式通过植物的生长留下了轨迹，并且该轨迹对旧叶的影响较小。此外，还有更多更一般的问题。是什么样的力量牵引着植物萌芽？或者，从另一个角度来看，是什么样的存在可能通过可见的形式展现出它自己？在《空间和对立空间》（*Space and Counterspace*）一书中尼克·托马斯指出，两个力量世界之间的压力所形成的力量活跃在我们日常的生活空间和对立空间之间。那么，植物的生长是否是这股力量展现的方式呢？

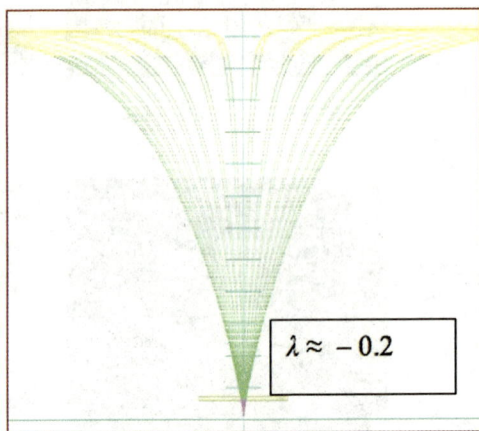

$$\lambda \approx -0.2$$

图 13-78　12 月 3 日

第 14 章　动物界的形式

　　我们在矿物界和植物界中所见的几何形式都是沿四面体边线的成长测度所生成的。对矿物界来说，它是一个无穷大的全实四面体；对植物界来说，则是一个复合四面体或半虚四面体。那么，是否有一种四面体能生成我们在动物界中所看见的形式呢？

　　爱德华兹和考尔德伍德的研究显示，动物的某些器官（例如心脏）与四面体结构有很好的对应关系。一般而言，我们可以看到从矿物界步入植物界后平移对称性消失了，但植物界表现出旋转对称性。然而，进入动物界后这种旋转对称性又减弱了许多，突出表现为轴对称性。

　　正如前文所述，动物的身体构造方向主要是水平的，节点（或点状）主要在颈部（喉部）和臀部（生殖区）。在这两个节点之间的脊柱具有节点律动性。沿着这条脊柱，每一块连接的脊椎骨都有变化。

　　假如动物界有四面体的话，那么必须有 1 条可见的水平线，以及能垂直于水平线的第二条线。对矿物来说，四面体的 6 条线都在无限大的球面上；对植物来说，一条可见直线垂直于地表，在该竖直线上有两个实点；第二条线则在无穷远处水平延伸，另外的 4 条线可以想象成是旋转连接或交错在这两个极端之间。从矿物到植物，只有 1 条线是位于邻近处的，其余的都位于无穷远处。从植物到动物，我相信还会有进一步的变化。

　　但其他的 4 条线在哪儿呢？当然，我也只是猜测，而我必须承认我尚未找到这样一个动物界的四面体。

14.1 蛋的螺线

　　当我们看着蛋时，我们似乎看到了动物界里的芽苞的形式（见 10.5 节）。蛋似乎拥有原始的形式，它是许多动物生命周期的早期阶段。

我们在一颗鸭蛋上看到了螺线的痕迹（见图 14-1）。螺线必定与鸭子的输卵管有关，因为那是产蛋必经的路径。它们类似芽苞表面的两组螺线，但蛋上只有逆时针的那一组。早期的研究确立了这组螺线的 λ 值为 1.25，ε 值接近于 1，后者似乎是正确的，因为螺线的斜率只比 1 多一点。在图 14-2 中，左边的照片中画出了一条单独的路径曲线，右边的这组曲线则是由计算机生成的，以便给人们一个整体印象。

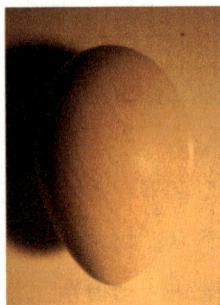

图 14-1　有着螺线痕迹的鸭蛋　　图 14-2　鸭蛋的路径曲线

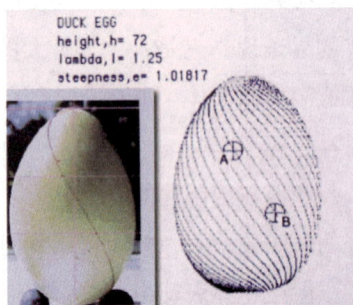

在《生命的旋涡》一书中，爱德华兹挖苦地说道："可以看到，这只毫不起眼的母鸡所产鸡蛋的平均半径偏差为 1.5%，比我这拥有多年经验的人所能做到的还要精确 3 倍。鸡蛋本身的实际尺寸偏差约为 0.25 mm，即便在测量时使用透镜进行观察也是如此。"

悉尼港内鲨鱼的卵（见图 14-3）常常在新南威尔士州的海岸被找到。它的基本轮廓是一个较为明显的蛋形，但外面绕着螺旋状的鳍，里面则有对应的曲线，螺线的方向是顺时针的（见图 14-4）。

图 14-3　悉尼港内鲨鱼的卵　　　　图 14-4　（移除鳍后）鲨鱼
　　　　　　　　　　　　　　　　　　　　　　　　卵的内部

为何在鸭子和鲨鱼的蛋上螺线的方向会不同呢？

美国的道格拉斯·贝克为了找出路径曲线的一致性，查看了超过 250 种不同种类的鸟蛋，他最终找到了不错的一致性。如同前文所述，鸵鸟蛋显示出隐约的螺线标记（见图 14-5）。通常而言，鸟蛋上的螺线都不太明显，但这样的轮廓本身就强烈地表明这些路径场正起着显著作用。

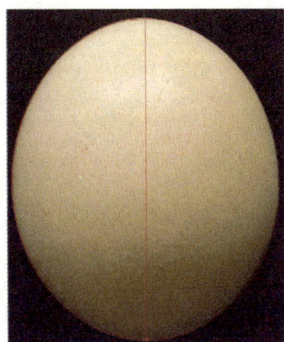

图 14-5　有着隐约螺线痕迹的鸵鸟蛋

14.2 鱼类

鱼类的身体上有一条明显的水平线，我们是否可以利用路径曲线来理解鱼类的某些特点？我们可以将鱼看成水平放置的细长松果，嘴部在一端，尾部在另一端，鳍状鳞片分布其间。两者都大致为椭圆形的轮廓，但在自然方向上相差 90°。

首先，我们来看看大眼鲷（又称大目鱼，见图 14-6）这种鱼类。在鱼体上重叠放置一个椭圆形轮廓，我们会发现两者的匹配度不算太差，也许能确定某一条路径曲线。六棘鼻鱼（见图 14-7）有着较为圆滑的头部和锐利的尾部，这里重叠放置的图是 λ 值约为 2 的路径曲线（见图 14-8）。这样的曲线已经比较接近一般鱼类的轮廓，但仍然无法令人满意。

图 14-6　尾巴开叉的大眼鲷

图 14-7　六棘鼻鱼（鲁迪·库特）

到目前为止，我们很难将这些鱼类的形式与已经探索过的基本路径曲线轮廓相匹配。当然，鱼不是植物，而且还有对称性的问题。空间中的蛋形和芽苞形式的路径曲线呈现圆对称或辐射对称，芽苞和蛋的生长曲线都围绕着中心轴旋转。

因此，曲线似乎围绕植物茎的中心线呈现螺旋状。然而，鱼类的侧视图不是圆形，但对于通过头部和尾部的竖直平面，它确实呈现出轴对称或反射对称的性质。

作为鱼的基础形式的四面
体结构必定与植物的四面体结
构截然不同，因为其曲线的纹
路不会环绕脊柱，但看起来它
们会在身体的顶部和底部、背
部和腹部的棱线处相遇。许多
鱼身体的中上部位会有一条线

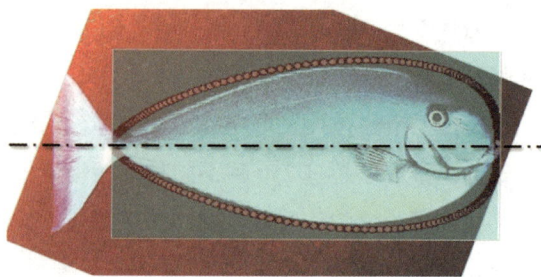

图 14-8　在鱼的轮廓上叠加上路径曲线

或类似缝合线的痕迹，这是侧线吗？这暗示了一种整体结构吗？

大家都知道鱼身体中的这条侧线，它似乎与鱼在水中的定位方法有关，它
往往位于鱼体的前 2/3 部位，并在头部稍微向下弯曲。在某些鱼类中，这样的
侧线特征非常明显（见图 14-9）；而在其他鱼类中，这条侧线几乎是直线（见图
14-10）。因此，这条曲线或直线可能是基本几何结构的固有部分。

图 14-9　青嘴龙占有着明显弯曲
的侧线

图 14-10　拟棘鲷有着几乎是直线的
侧线

就矿物的形式而言，四面体的 6 条边线都在无穷远处。就植物而言，只有 1
条线仍保持在无穷远处，还有 1 条线变成位于邻近地面处的茎或是躯干，另外 4
条线则是虚拟的或在移动中。我猜想在植物中位于无穷远处的直线在动物中变得
愈来愈局部化了。比起仅仅是矿物形成或者植物生长的规律，动物界有更多东西
在起作用，动物拥有意识，这有没有可能影响动物的身体结构和外形呢？

回到鱼的侧线上，从鱼体的截面来看，在这条线的上、下两部分有明显的螺
纹状的鱼肉（见图 14-11 至图 14-13）。鲑鱼的截面图显示了侧线的重要性，它的
侧线位于生物体内部组织有明显水平分隔或隔膜的地方。从截面可知，这个分隔

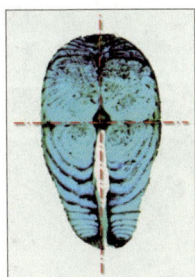

图 14-11　鲑鱼的截面
（染色是为了突出显示）　图 14-12　鳟鱼的截面　　图 14-13　剑鱼的截面

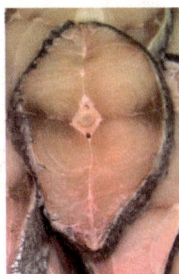

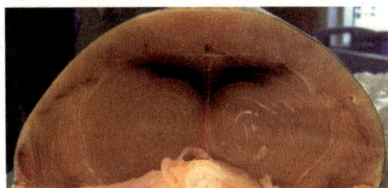

恰好通过脊柱，这条侧线将鱼的身体分成上、下两部分。在水平分隔的上下两部分，鱼肉上的螺线并非彼此的反射，上半部分和下半部分并不对称。

我们是否应该测试一些假设的四面体，看看其蕴含的路径曲线与实际鱼体结构的一致性如何？这个结构必须有轴对称的曲面对称于竖直平面，并且这两个分开的曲面（左侧和右侧）要具有多组路径曲线，这些曲线彼此交叉，从而能够提供适用于多种鱼类皮肤和鳞片图案的形态／几何基础。

14.3 鱼类形式的四面体

我描绘了对应于奇特的鱼类形式和奇特的鳞片形式的四面体（见图14-14），这个最初的四面体的曲线能否模拟鳞片的形式呢？

鱼体背部和腹部的棱线还需要一些用于限制的曲线，因为这两条棱线附近的鳞片有时要小一些，但我仍然无法确定这些曲线。

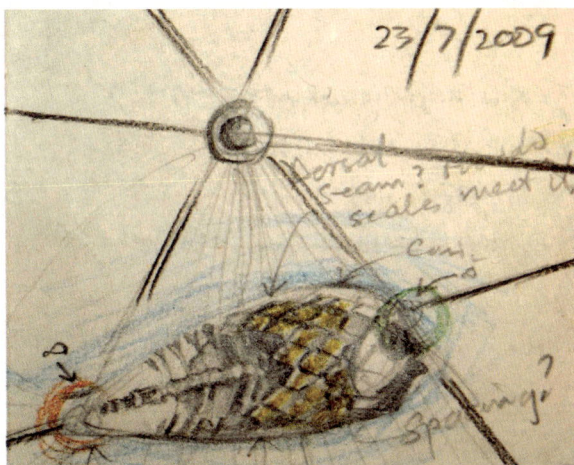

图 14-14　四面体内的鱼类形式

综合上述种种想法，最终绘制出了图 14-15 所示的四面体，它是一个基本上可以压平成三角形的四面体。我们将 P_3 和 P_4 这两个点重合，将之当成鱼上方的点，这使得两个相对的平面 π_1 和 π_2 重合，同时也会产生两对重合直线，即 p_3 / p_4 和 p_5 / p_6。三角形的顶点 P_1 在尾部，顶点 P_2 在头部，重合的顶点 P_3 / P_4 在上方。在这个四面体中，无穷远处的直线（在植物的四面体中）现在位于邻近地面的位置。

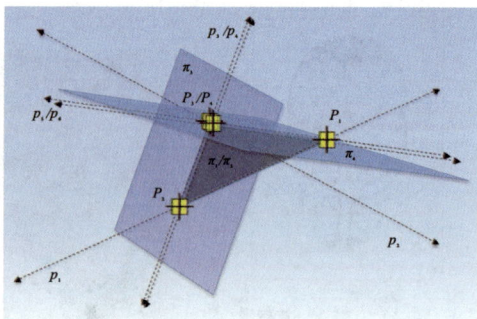

图 14-15 试验用的四面体

在脊柱线 p_1 上是我们熟悉的成长测度，而垂直于它的直线 p_2 可能是阶段测度。两个重合平面 π_1 / π_2 将呈现轴对称性，这是一种反射形式。图 14-16 为一个基本框架，其中指出了一些平面，也显示了一些测度。

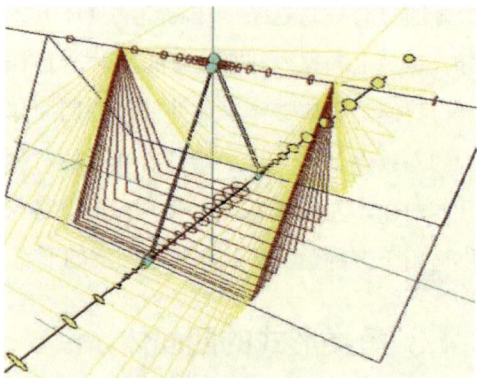

图 14-16 试验用的四面体的更多细节

在由 P_1（尾部）、P_2（头部）和 P_3 / P_4（上方的两点）构成的三角形所确定的双平面中将存在路径曲线，重合直线 p_3 / p_4 和 p_5 / p_6 都会通过重合的点 P_3 / P_4。四面体中剩下的直线 p_2 则垂直于竖直的双平面，并且在直线 p_1 的上方。这些路径曲线如图 14-17 所示。

黄点显示出一个类似鱼的轮廓，有了这样的路径曲线，鱼类形式的选项就大大增加，因为轮廓可以更锐利或圆滑，同时存在各种不对称的可能性。有些鱼类可能在底部和脊柱下方有"细尖"的线。

还有两个平面，前面是 π_3，后面是 π_4。这里的路径曲线的测度不是成长测度，而是与直线 p_2 相同的阶段测度，我把它们对称地画在竖直平面上（见图 14-18）。这里只绘制出一组路径曲线，这幅图就像是鱼类的正视图（标记为彩色圆圈）。

这样的图是否可以对应实际的鱼呢？确认这件事有一定的困难，因为很少有

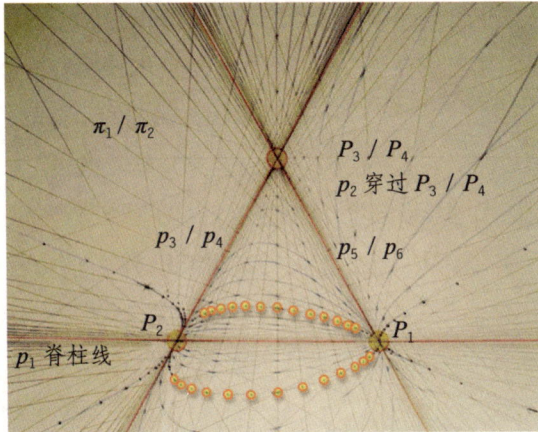

图 14-17 在竖直平面上的全实三角形的平面路径曲线

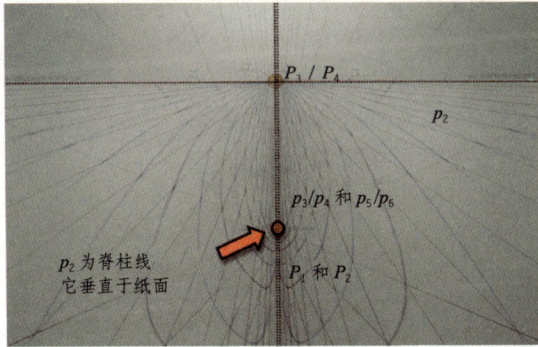

图 14-18 鱼类的正视图

这样的鱼的正面图片。尽管鱼儿的动作快速且难以预测，但最终我还是设法在悉尼水族馆拍到了一些照片（见图 14-19）。其中一个分析显示 λ 值为 1.7（见图 14-20 与下页的计算说明）。

图 14-19 鱼的正面图

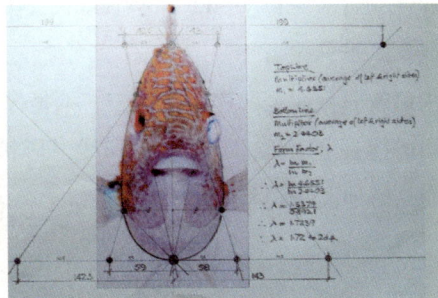

图 14-20 鱼的轮廓分析

计算说明

1. 在图片上用铅笔画出鱼的轮廓。

2. 将一些地方的宽度减半以估计和绘制中心轴的位置。

3. 如果这条中心轴穿过手绘轮廓的顶部和底部，将其分别标记为点 X 和点 Y，即最大截面的背部和腹部的点。

4. 通过顶部和底部的点各画一条线，垂直于中心轴，这些是水平线。

5. 在轮廓的两侧各标记两点，位置大约是沿着竖直方向的 1/4 和 3/4 的地方。

6. 从顶部和底部的点画线通过这 4 个点（见图 14-20），并延长使之与两条水平线相交。

7. 测量从点 X 和点 Y 到这 8 个交点的水平距离。

8. 沿着顶部水平线右侧的公比为

$$m_1 = 199/43 \approx 4.628$$

沿着底部水平线右侧的公比为

$$m_2 = 143/58 \approx 2.466$$

9. λ 是这些值取对数后的比值

$$\lambda = \lg m_1 / \lg m_2$$
$$= \lg 4.628 / \lg 2.466$$
$$\approx 1.697$$

10. 为了验证准确性，可依此检验水平线左侧。

计算的结果需要用真实的形式加以确认，所以我利用计算出的 λ 值，以程序画出一个由切线所组成的包络曲线图（见图 14-21），并将它叠放在照片上，二者看起来非常吻合（见图 14-22）。不管如何，发现某些鱼的横截面对应于路径曲线的方法都令人感到振奋。

有些鱼的横截面是两侧凹陷进去，不是像蛋形一样的路径曲线。

它们可能是非对称的卡西尼卵形线，形状变化可以从长椭圆形到双纽线，但也有可能是其他曲线。

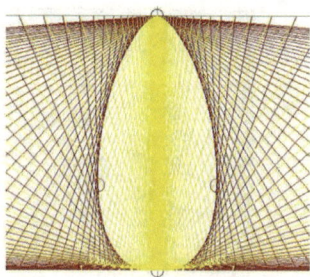

图 14-21 λ 值为 1.7 的理想
路径曲线

图 14-22 计算结果和实际
形式非常吻合

14.4 鳞片模式

有些鱼的鳞片图案让人联想到松果（见图 14-23），除了其外表的模样，我们还能看到更多吗？现在，我们有一个值得在四面体空间场中尝试的轮廓。

一开始，我打算做一个可被压平成三角形的四面体模型（见图 14-24），为了简单起见，我选择了正三角形。在顶部的线 p_2 上的测度是单一阶段测度，水平方向的脊柱上的线 p_1 和连接 p_2 与 p_1 的重合直线则是成长测度。我采用了一块合乎模型外观的鱼的截面，并由此构建出空间的路径曲线。远远看去，这条曲线的切线像是一连串的鳞片吗（见图 14-25）？

图 14-23 鲤鱼的鳞片

图 14-24 被弃置的"扁平"
四面体模型

选择一个合适的点作为起点很重要，我发现随意选择一点无法得出有效的形式。尽管尝试了各种可能，我却无法将得到的结果（见图 14-26）看作一条真正的鱼，于是我放弃了这个模型。

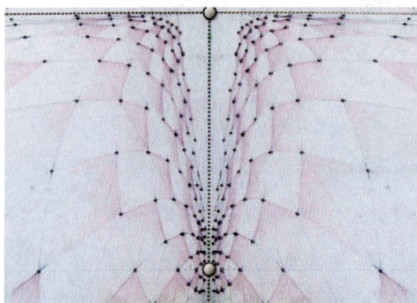

图 14-25 一组互补的路径曲线

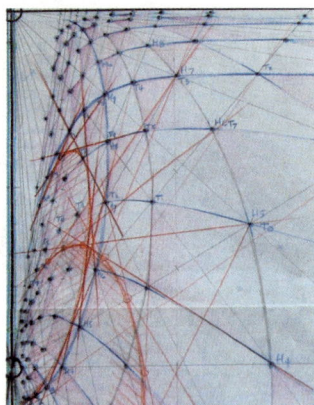

图 14-26 试验得出了不太可能存在
的曲线形式

然而，鲤鱼表面覆盖着的美丽鳞片强烈暗示着一种三维路径曲线模式，关键在于检测这种模式是否平滑、连续地越过背部和下腹部的边缘，并且没有缝隙和凹角。通过近距离观察，图 14-27 清楚地显示了鲤鱼身体顶部的鳞片具有连续性，而身体底部没有那么明显的连续性，因为有些鳞片发生弯折破坏了这个模式（见图 14-28）。

图 14-27 鲤鱼背部（顶部）边缘的
鳞片模式

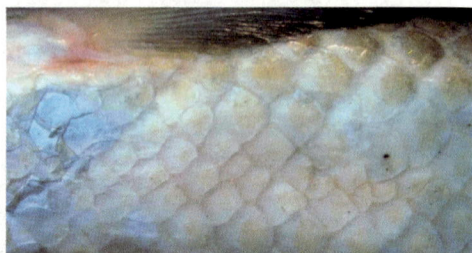

图 14-28 鲤鱼底部的类似模式

下一步则是在前斜平面（通过点 P_1）和后斜平面（通过点 P_2）绘制假定的螺线，图 14-29 所示是简要的草图。在四面体的 4 个平面上，什么样的路径曲线可以确定这些螺线呢？这一点由图 14-29 中可以看出来，当把点连接在一起时，估计点（显示为红色三角形）的位置会出现在头部点 P_1 的附近。这是很好的开端，暗示了鳞片的某种螺旋形式。

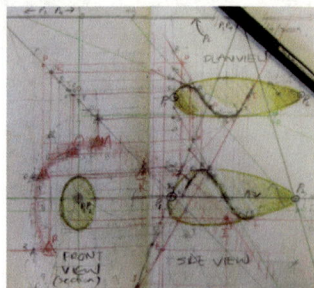

图 14-29 预估的结构草图

从照片来看，我估计鲤鱼身上大约有 30 个鳞片，我假设它们间隔的角度相等，彼此皆相距 12°。这些鳞片的位置都能在前斜平面上对应建立起一个点吗？它是否与某些螺线保持一致，甚至是非对称的？我所寻找的螺线如图 14-30 所示。

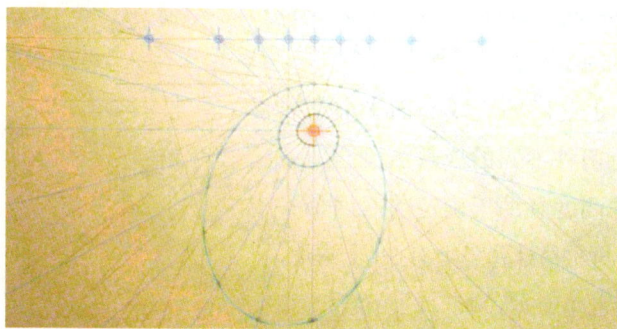

图 14-30 非对称的螺线

我尝试了一些可能，绘制的描图纸多到几乎占据了整个餐桌。在各种可能的范围内，我估计了一条平均的非对称螺线（见图 14-31 中的红色粗线）。但这么做效果不佳，因为所选的非对称螺线结构与实际的鳞片模式不太吻合。在尝试了许多螺线后，我仍然没有得到匹配效果较好的螺线。

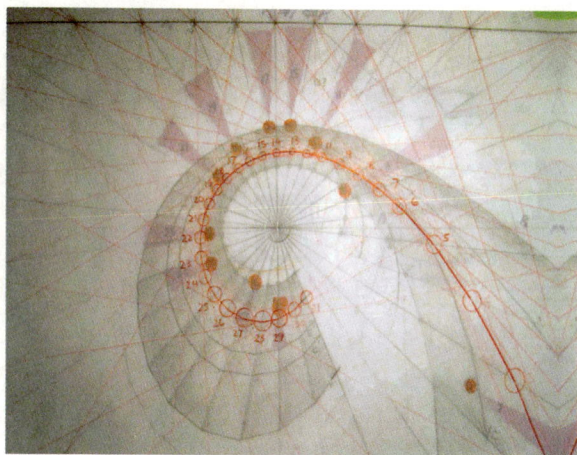

图 14-31 各种可能范围内（灰色）的平均螺线

我想最好是重新开始。于是我设计了一个直立的三角形，但这次在直线 p_2 上用的是环绕测度而非阶段测度，这是一个重要的改变。这次仍然是将每 4 个鳞片中的 1 个标注在水平的脊柱线上，并且有一个成长测度和这些点匹配。由此，我可以构建出鱼的理想轮廓，这是个不算太坏的匹配结果（见图 14-32），虽然头部和尾部突出，但这是预料之中的事。

在后平面上前倾的直线和前平面上后倾的直线上有两种不同的成长测度，两条斜线有不同的测度有助于确定前后两个平面的螺线。我再次估计鱼身上有 30 个鳞片，这意味着它们之间确实有 12° 的角度间隔。

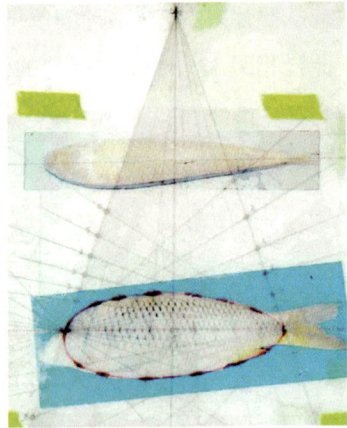

图 14-32　用红色线标出的假设轮廓

从已知的投影点开始，通过改变角度或是平面上的斜率，我绘制了一些螺线（见图 14-33）。

如前所述，顶线 p_2 被放在脊柱线上方 300 mm 处，且与脊柱线垂直。慢慢地，动物的四面体在一条真实的鱼的帮助下构建起来了。它与图 14-15 中我们得出的第一个动物四面体相似，不同之处在于有两个平面是想象的，它们绕着脊柱线 p_1 朝相反的方向旋转，由顶线 p_2 上的点 P_3 和 P_4 的环绕测度所决定（见图 14-34）。

图 14-33　在鱼的鳞片上画出一些螺线

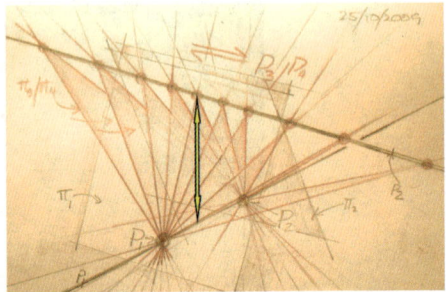

图 14-34　有两个假想平面的四面体

下一步将是真正的考验：我能否由鲤鱼的鳞片所生成的曲线，大致找到一对看似真实的反向旋转的螺线？在前、后这两个平面上的螺线也将确定过点 P_1 和点 P_2 的两个逐点圆锥螺线。利用这两个圆锥螺线的交点，我们可以找出这些鳞片的中点。如果这种方法是正确的，那么相邻序列的鳞片应该能被表示成和序列数量一样多的嵌套螺线（如果鱼的两侧真的对称，那么螺线就会出现在两侧）。

从数据图来看，应该能够计算出覆盖鱼身体中央部位的中间序列的数量，我发现有 15 个这样的序列（见图 14-33）。

但我碰到一个问题：我尝试了几十个螺线的图案，没有一个较为合适。它们都没有相差太多，但就是无法准确地与数据点匹配。

怎么会这样呢？是整个假设有缺陷或是错误吗？我漏掉什么了吗？我画了许多草图，但螺线误差范围太大，几乎无法包括所有的数据点。

这对我是个打击：我错在假设螺线是以等角间距围绕着脊柱线 p_1，但实际上不一定如此。受爱德华兹的启发，我曾经画过某一类螺线族的图案。在画的时候，我甚至没想到这可能会出现在大自然的某处。从中心通过一些椭圆逆时针环绕的是红色螺线族（见图 14-35），这些形式并不取决于中心点上直线的等角环绕测度，而是根据在某一个不一定是等角的点上直线的环绕测度。

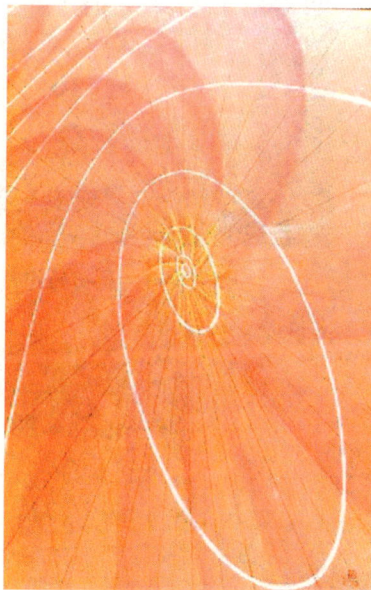

图 14-35 由非等角环绕测度生成的螺线场

一旦我们在一条直线上有了点的环绕测度，我们就能选取直线外的任一点，并将它与所有点连接，建立起直线新的环绕测度。我找到了我的原始绘图，图中用红色强调螺旋曲线（见图 14-36）。要注意的是，在中心点周围的辐射线不是等距分布，就像直线上的点也不是等距分布（我不知道鱼是否会喜欢这个结果）。

我再次使用 4 个重要的数据点进行数据分析，利用这些点就可以分别估计出这个环绕测度的中心。最后，这些新的环绕测度的点加入到新的直线环绕测度的中心。现在，我们可以通过这些数据点画出一条螺线吗？

我们得到的结果出奇地好，图 14-37 展示的是一条红色的螺线，并且通过代表平均数据点位置的红色圆点。现在，结果好到足以来看看使用相同的原始数据是否能找出螺线。这些数据运用相同的方法投影到前后平面上，对于后平面或尾部的平面，图案必须更大一些，不过为后平面的投影点找寻适当的匹配并不会因此更费力（见图 14-38 ）。

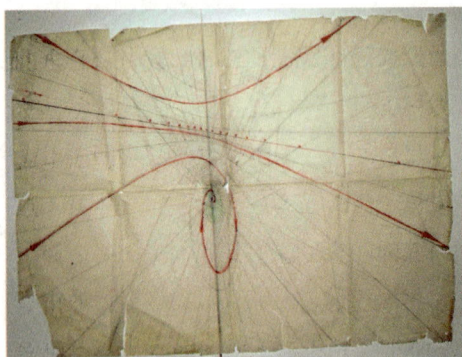

图 14-36　最初的螺线图

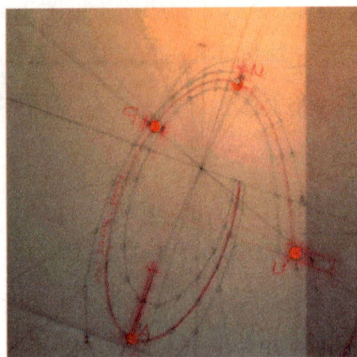

图 14-37　前平面上的螺线

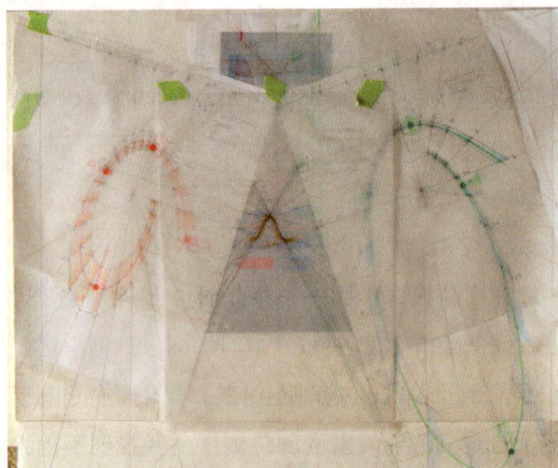

图 14-38　前后平面的螺线

最终，这个早期的动物四面体表现得很好，一些控制鱼体主要部分的路径曲线开始显现出来。当两条螺线必须相交时会发生什么？因为它们实际上是通过点 P_1 和点 P_2 的两条圆锥螺线的一部分。

最后的问题是，这两条螺线能否提供一条切线（或点）的曲线，它可以被合理地视为遵循鳞片排列规律的序列？初步的检验显示，连接切线（从侧面看）的效果看起来确实不错，只不过是在鱼体的中段（见图 14-39）。

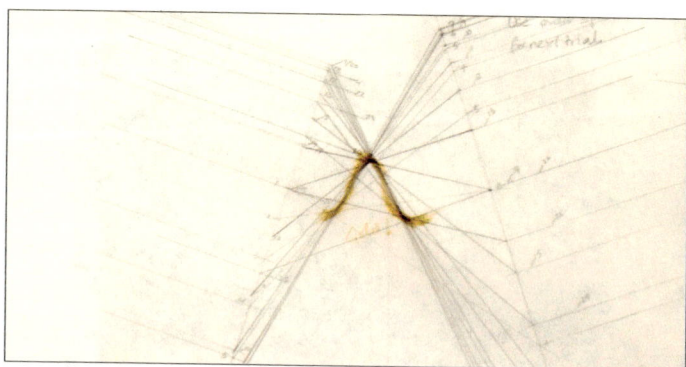

图 14-39　连接切线（见图 14-38 中的细节）

一项改进措施是尝试绘制鱼体表面上的点（不仅仅是线），它们代表鳞片中心路径的近似值。这需要采用与上述稍微不同的方法，但是需要利用原来构建的基础和数据。在这个例子中，找到与图 14-34 中假想旋转平面上的表面鳞片重合的点是个问题。我们需要绘制另一对螺线，它们实际上和用来寻找切线的螺线比例相似，但是要更小。这次这两条螺线不是与鱼体的切线相连，而是与鱼体表面的点所给出的两条相交直线相连。这些表面上的点是两条圆锥螺线相交的结果（见图 14-40）。重叠放置的结果显示匹配并不完美，但已经足够接近，值得我们进一步努力（见图 14-41）。

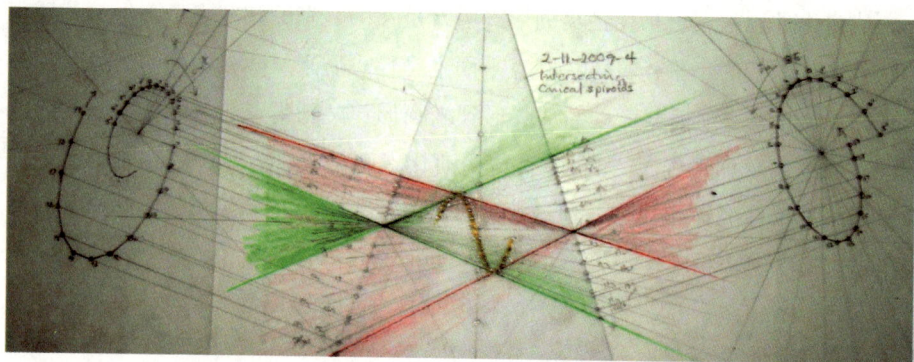

图 14-40　相交的圆锥螺线

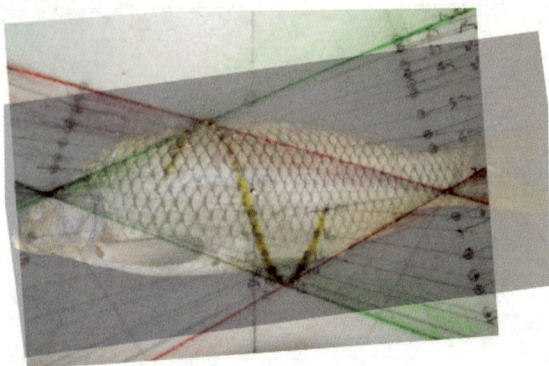

图 14-41　几何曲线与实际鳞片模式的比较

14.5 生命的表达

所以我们的假设是，鱼类形式的主要部分包含在由这个特定四面体所确定的形式场中，我相信这个四面体是鱼类（动物界的早期生物）原始形式的基础。

我们看见主宰着矿物界的四面体是植物界的四面体的一个特例——所有直线都在无穷远处，成长测度变成阶段测度。反过来，植物界的四面体则是这个更为弹性的动物界的四面体的一个特例——只有一条线邻近地面，其余两条线是想象的和环绕的。

从演化进程来看，早期鱼类的形式通常是长的、扁的和截面呈圆形的。后来的物种演化得较为扁平，身体在竖直平面上延伸。后来，随着演化的蜕变，逐渐出现更微妙的形式：横截面逐渐从圆形到椭圆形，又到蛋形曲线，再到有凹陷的曲线（如卡西尼卵形线）。这是一种定向演化意图的表现、一种具有影响力的内在原则吗？这样的演化趋势，到最后是否头部（通过拉长颈部）与四肢会从身体的生殖区域分离出来呢？

第 15 章 总 结

15.1 人类领域的几何学

初涉动物界时，我们看到一个以植物几何学为基础的研究方向，那就是蛋的形态。现在，如果我们观察人类领域，会发现某些形态或器官在某种程度上和蛋的形态相呼应。爱德华兹和考尔德伍德已经研究过人的心脏的形态。

观察心脏左心室的轮廓，爱德华兹发现它遵循一条路径曲线。然而，那并不是我们熟悉的芽苞形或蛋形，而是一点在无穷远处的三角形。心脏形态的路径曲线有两条平行（水平）线和一条竖直线，且其三角形的 3 个顶点都位于局部，而非无穷远处（见图 15-1）。在爱德华兹《生命的旋涡》的第 8 章，我们可以找到完整的描述。

如果我们画心脏轮廓的三维等价图案，就会得到类似这个彩绘玻璃所呈现的东西（见图 15-2）。

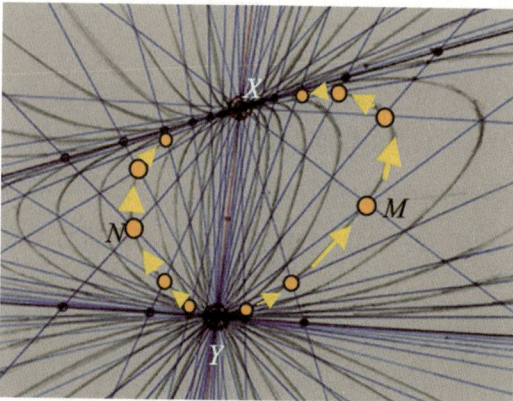

图 15-1　对应于有 3 个局部点的心脏轮廓的路径曲线（点 Z 在页面外）

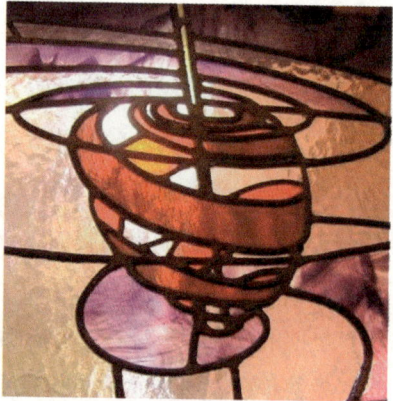

图 15-2　表示三维心脏形式的彩绘玻璃

尽管爱德华兹最初是想要确认整个心脏的形状，但也不得不分别分析每个心室。"心脏左心室的肌肉在中心处出人意料地厚，右心室就薄了许多，但体积比较大。"（霍尔德里奇，《心脏和血液循环》。）

值得一提的是，19 世纪的苏格兰人佩蒂格鲁描绘了人类心脏的各个层次。最特别的是，1860 年，他还是个大学生时就受邀参加英国皇家学会和英国伦敦皇家内科医学院所举办的讲座，讲述心脏的肌肉组织。他从不同的角度发现了 7 层不同的肌肉。从最外层往里看，有 3 层是逆时针旋转且逐渐变得平整，到了第四层时大致是水平状的，3 个内层则是顺时针旋转且愈来愈不平整（见图 15-3 ）。

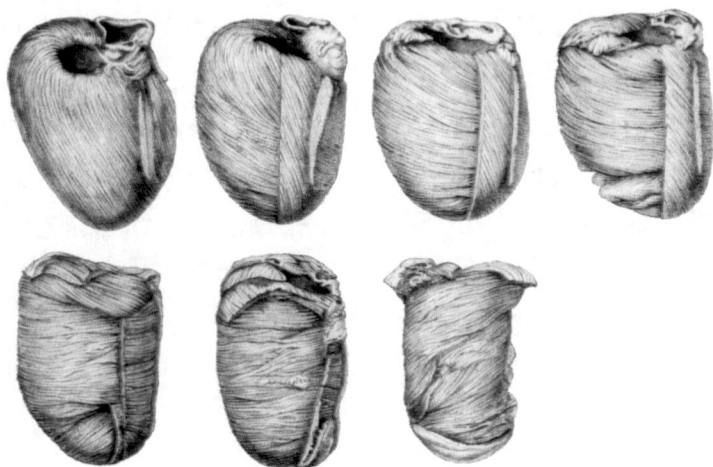

图 15-3　佩蒂格鲁绘制的心脏解剖图（摘自《大自然的设计》）

人类最早期的细胞形式也显示出几何学的迹象。受精后不久，受精卵就开始分裂。一开始，受精卵的整体大小不变，只是单个细胞变小。第一次分裂将细胞分裂成两个，产生轴对称。第二次分裂与第一次分裂的方向垂直，变成 4 个细胞。第三次分裂穿越这 4 个细胞的结构，变成 8 个细胞。现在，有 3 个相互垂直的对称平面。

早期的分裂几乎带有一些矿物对称的特性，一般持续 5 天或 6 天。

爱德华兹亦对构成后期胚胎的路径曲线进行了一些研究。这些也是经由旋涡变换改变的植物状芽苞形式的不对称变化。

15.2 不同领域的几何学概述

在探索不同领域时，我们已经看到了不同的几何学方向。尽管在大范围上可以看见水平分层，但矿物并没有明确的方向；植物王国具有明显的垂直性；动物王国（无论是鱼类、哺乳动物还是其他物种）都显示出水平方向；在人类领域我们也发现了垂直方向，这个特性足以区分人类与动物，从而将人类看成一个独立的领域。

每条线都能显现出节点的形式——一种线上的主旋律。在矿物中，阶段测度提供大小相同的晶体；我们在植物的茎叶间隔或是动物脊柱的椎骨上，可以看到更加微妙的成长测度（更不用说鱼的鳞片模式）；毫无疑问，人体的脊柱也有类似的模式。

还有对称性，矿物显示出许多种对称性；在植物中，对称形式缩减为旋转对称和轴对称；在动物和人类世界中，对称性进一步减少到只剩下轴对称。毫无疑问，动物的左右两侧差异不大，但人脸从未刚好是对称的。在身体内部，动物器官和人类器官当然也不是完全对称的。

在找寻生成这些领域形式的路径曲线的四面体时，我们一步步从无限大但真实的四面体（矿物界），走到部分是无限的、部分是位于邻近地面的四面体（植物世界的垂直方向）。然后，我们从这个四面体变换到一个重新定向且完全局限于局部的四面体（鱼的世界，水平方向）。找寻能够生成与人体全然符合的路径曲线的四面体确实是一大挑战，但我相信它将再次转向竖直方向，并且所有主线元素都位于局部。自然界中甚至可能没有这种四面体，因为我至今仍未找到答案。

15.3 智能设计

我们理所当然地认为有一个秩序会被发现，科学家期望几何学能派上用场，因为它被看作分析过程的一个重要元素。几何学有用是因为几何形式是事物所固有的；它看起来是抽象的，是因为我们目前对它的研究非常有限。我们只能感受到最浅薄的抽象概念，但这并不意味着几何学没有强大的力量。

某位学者主张，仅仅用"智能"称呼自然界的无上权威是戏仿或贬低了自然创造万物的智慧。"智能设计"仅是对非凡智慧的一种令人沮丧的、渺小或非常肤浅的认识。

　　这个绝顶聪明的设计，这种不可言喻的智慧，可以用几何学的理解予以"测试"，而这正是我在本书中所进行的探索。我的尝试经常是粗浅的，而且我只"测试"了无数动植物中的某些物种。如果我们对自然世界感到敬畏和惊叹，我们就可以尝试去发现，也许大自然中的演化事件不是偶然发生的。但是现在，我们把这个问题留待生物学家去探索。

致　谢

在已故者中，我特别感谢爱德华兹，他让我看到植物界的几何特性，并且亲自教给我许多基本知识；同样谢谢罗杰·麦克休；还有斯坦纳，他告诉了我许多深具意义的背景故事。

至于海外友人，我非常感谢英国伦敦的托马斯，他忍受了我冗长的电话会议，并接受了我的访问。还要谢谢苏格兰阿伯丁的考尔德伍德，他接受了我的访问。此外，还有在苏格兰召开的研讨会上结识的许多人，特别是卢尔·德·博尔、罗恩·贾曼、斯图尔特·布朗。谢谢西蒙·查特送给我的美丽鳟鱼图片。

对于澳大利亚当地的友人，谢谢戴维·鲍登、克里斯特尔·波斯特和罗杰，他们都为我的形态学研究提供了帮助。还有安德鲁·希尔、埃里克·托瓦尔森、彼得·格拉斯比、法比亚诺·西门尼斯、罗恩·韦西、特里·福曼、加里·罗兰、马塞尔·梅德，他们针对我的工作主题进行了对话。

谢谢悉尼格兰内奥鲁道夫斯坦纳学校的许多毕业生，其中包括亚斯明、安妮卡、卢克、珍妮、保罗、莫妮克、丹尼尔、马德莱娜、马可和埃里克。

写作期间，我逗留于悉尼的许多咖啡店，尤其是在卡斯特拉格的Pams以及在查茨伍德的Andronicus，这里的店员对我和莉莎、科尼利厄斯、阿米莉娅及我的同事们表现出极大的耐心，并为我们提供了不限量的咖啡。

博物馆更是我经常造访的地方，特别是悉尼的澳大利亚博物馆及其精彩的骨骼厅，另外，马克·麦克格鲁特（鱼类学馆藏经理）对鱼类的见解也让我受益匪浅。我还去了许多植物园，特别是悉尼的皇家植物园，我花了许多时间（长达几年）在其中探索植物王国的形成结构。

感谢鲁迪·库特提供的关于鱼类世界的图片和描述，阿什利·米斯凯利非凡的收藏和照片，还有他关于海胆的美丽出版物。至于吉姆·库利亚斯、珍妮和蒂姆，感谢他们一直珍视我早期以笔记形式出版的作品。

尤其感谢弗洛里斯出版社的麦克莱恩，谢谢他认真细心的编辑，并且有信心让这本书可以顺利出版。

谢谢我的妻子诺玛对我的持续支持，以及不间断的批评和鼓励！

约翰·布莱克伍德

参 考 文 献

[1] ABBOTT EDWIN A. Flatland: A Romance in Many Dimensions, Boston and London: Shambala, 1999 (originally published 1884).

[2] ADAMS GEORGE. Physical and Ethereal Spaces. London: Rudolf Steiner Press, 1965.

[3] ADAMS GEORGE. Space and the Light of the Creation. Published by the author, 1933.

[4] AYRES FRANK. Projective Geometry. New York: McGraw-Hill, 1967.

[5] BAKER DOUGLAS. "A geometric method for determiningshape of birds eggs". The Auk, 119 (4): 1179–1186, American Ornithologists Union, 2002.

[6] BALL PHILIP. The Self-Made Tapestry. Oxford: Oxford University Press, 1999.

[7] BLATNER DAVID. The Joy of Pi. London: Allen Lane, 1997.

[8] BOCKEMUHL JOCHEN. Awakening to Landscape. Switzerland: Natural Science Section, Goetheanum, 1992.

[9] BONEWITZ RONALD LOUIS. Rock and Gem. London: Dorling Kindersley, 2005.

[10] BORTOFT HENRI. Goethe's Scientific Consciousness. Institute for Cultural Research, 1986.

[11] BORTOFT HENRI. The Wholeness of Nature: Goethe's Way of Science. New York: Floris Books, Edinburgh &Lindisfarne, 1996.

[12] CASTI JOHN L. Five More Golden Rules. New York: John Wiley, 2000.

[13] CHURCH A H. On the relation of phyllotaxis to mechanical laws. London: Williams &Norgate, 1904.

[14] CLEGG BRIAN. The First Scientist. London: Constable, 2003.

[15] COLMAN SAMUEL. Nature's Harmonic Unity. New York: Benjamin Blom, 1971 (first published 1912).

[16] COOK THEODORE ANDREAS. The Curves of Life. New York: Dover, 1979 (first published 1914).

[17] CRITCHLOW KEITH. The Hidden Geometry of Flowers. Edinburgh: Floris Books, 2011.

[18] CRITCHLOW KEITH. Order in Space. London: Thames & Hudson, 1979.

[19] CRITCHLOW KEITH. Time Stands Still. Edinburgh: Floris Books, 2007 (first published 1979).

[20] DENNETT DANIEL. Darwin's Dangerous Idea. London: Penguin, 1995.

[21] DOCZI GYORGY. The Power of Limits. Colorado: Shambala Publications, 1981.

[22] EBERHART STEPHEN. "Grecian Amphorae as Path-Curve Shapes". Mathematical Physics Correspondence, 1979, 27.

[23] EDWARDS LAWRENCE. The Field of Form. Edinburgh: Floris Books, 1982.

[24] EDWARDS LAWRENCE. Projective Geometry. Edinburgh: Floris Books, 2000.

[25] EDWARDS LAWRENCE. The Vortex of Life. Edinburgh: Floris Books, 2006 (first edition 1993).

[26] EISENBERG JEROME M. Seashells of the World. New York: McGraw-Hill, 1981.

[27] GAARDER JOSTEIN. Sophie's World. London: Phoenix House, 1995.

[28] GARLAND TRUDI HAMMEL. Fascinating Fibonaccis. New York: Dale Seymour, 1987.

[29] GHYKA MATILA. The Geometry of Art and Life. New York: Dover, 1977 (first published in 1946).

[30] GLEICK JAMES. Chaos. New York: Penguin Books, 1987.

[31] GOLUBITSKY MARTIN, STEWART IAN. Fearful Symmetry. Oxford: Blackwell, 1992.

[32] GOODWIN BRIAN. How the Leopard Changed its Spots. London: Weidenfeld and Nicolson, 1994.

[33] GOULD STEPHEN JAY. I Have Landed. London: Jonathan Cape, 2002.

[34] HAWKING STEPHEN. The Universe in a Nutshell. London: Bantam, 2001.

[35] HEATH THOMAS L. The Thirteen Books of Euclid. Cambridge: Cambridge University Press, 1926.

[36] HOFFMAN PAUL. The Man Who Loved Only Numbers. London: Fourth Estate, 1998.

[37] HOLDREGE CRAIG. The Dynamic Heart and Circulation. Association of Waldorf Schools of North America, Fair Oaks, USA, 2002.

[38] HUNTLEY H E. The Divine Proportion. New York: Dover, 1970.

[39] KANDINSKY WASSILY. Point Line and Plane. New York: Dover, 1979 (first published 1926).

[40] KAUFFMAN STUART. At Home in the Universe. New York: Oxford University Press, 1995.

[41] KEPLER JOHANNES. The Six Cornered Snowflake. Philadelphia: Paul Dry, 2010.

[42] KLEE PAUL. The Thinking Eye, Vol. 1. London: Lund Humphries, 1961.

[43]   KOESTLER ARTHUR. The Sleepwalkers. London: Penguin, 1959.

[44]   KOLLAR L PETER. Form. Sydney: privately published, 1983.

[45]   KUITER RUDIE H. Guide to Sea Fishes of Australia. Sydney: New Holland, 1996.

[46]   LIVIO MARIO. The Golden Ratio. London: Headline Review, 2002.

[47]   LIVIO MARIO. Is God a Mathematician?. New York: Simon & Schuster, 2009.

[48]   LOCHER-ERNST LOUIS. Space and Counter-Space. Association of Waldorf Schools of North America, Fair Oaks, USA, 2003.

[49]   LOVELOCK JAMES. The Ages of Gaia. Oxford: Oxford University Press, 1988.

[50]   LUMINET JEAN-PIERRE. The Wraparound Universe. USA: Peters, Wellesley, 2008.

[51]   MANDELBROT BENOIT B. The Fractal Geometry of Nature. New York: Freeman, 1977.

[52]   MAOR ELI. The Story of a Number. New Jersey: Princeton University Press, 1994.

[53]   MARTI ERNST. The Four Ethers. USA: Schaumberg Publications, Roselle, 1984.

[54]   MILNE JOHN J. An Elementary Treatise on Cross-Ratio Geometry. Cambridge, 1911.

[55]   MISKELLY ASHLEY. Sea Urchins of Australia and the Indo-Pacific. Sydney: Capricornica, 2002.

[56]   NOBLE DENIS. The Music of Life. Oxford: Oxford University Press, 2006.

[57]   PAKENHAM THOMAS. Remarkable Trees of the World. London: Weidenfeld & Nicolson, 1996.

[58]   PETERSON IVARS. Islands of Truth. New York: Freeman, 1990.

[59]   PETTIGREW J BELL. Design in Nature. London: Longmans Green, 1908.

[60]   POPPELBAUM HERMANN. Man and Animal. London: Anthroposophical Publishing Company, 1960.

[61]   POPPELBAUM HERMANN. A New Zoology. Dornach: Philosophic-Anthroposophic Press, 1961.

[62]   RICHTER GOTTFRIED. Art and Human Consciousness. New York: Anthroposophic Press, 1982.

[63]   ROHEN JOHANNES. Functional Morphology: the Dynamic Wholeness of the Human Organism. New York: Adonis, 2007.

[64]   ROMUNDE DICK VAN. About Formative Forces in the Plant World. New York: JannebethRoell, 2001.

[65]   RUSKIN JOHN. The Elements of Drawing. New York: Dover, 1971 (originally published in 1857).

[66]   SAWARD JEFF. Labyrinth and Mazes. London: Gaia Books, 2003.

[67]　SCHAD WOLFGANG. Man and Mammals. New York: Waldorf Press, 1997.

[68]　SCHWENK THEODOR. Sensitive Chaos. London: Rudolf Steiner Press, 1965.

[69]　SHEEN A RENWICK. Geometry and the Imagination. Association of Waldorf Schools of North America, Fair Oaks, USA, 1994.

[70]　SHELDRAKE RUPERT. A New Science of Life. London: Anthony Blond,1985.

[71]　STEINER RUDOLF. Atomism and its refutation. New York: Mercury Press, 1890.

[72]　STEINER RUDOLF. Man: Hieroglyph of the Universe. London: Rudolf Steiner Press, 1972.

[73]　STEVENS PETER S. Patterns in Nature. New York: Penguin, 1974.

[74]　STEWART IAN. Does God Play Dice. London: Allen Lane, 1989.

[75]　STEWART IAN. Life's Other Secret. London: Allen Lane, 1998.

[76]　STEWART IAN. What Shape is a Snowflake?. London: Weidenfeld & Nicolson, 2001.

[77]　STOCKMEYER E A K. Rudolf Steiner's Curriculum for Waldorf Schools. Steiner Waldorf Schools Fellowship, UK, 1969.

[78]　STRAUSS MICHAELA. Understanding Children's Drawings. London: Rudolf Steiner Press, 1978.

[79]　THOMAS NICK. Science Between Space and Counterspace. UK: Temple Lodge, 1999.

[80]　THOMAS NICK. Space and Counterspace: A New Science of Gravity. Time and Light. Edinburgh: Floris Books, 2008.

[81]　THOMPSON D'ARCY WENTWORTH. On Growth and Form. New York: Dover, 1992 (originally published 1916).

[82]　TUDGE COLIN. The Secret Life of Trees. London: Penguin, 2006.

[83]　VERHULST JOS. Developmental Dynamics in Humans and Other Primates. New York: Adonis Books, 2003.

[84]　WACHSMUTH GUENTHER. The Etheric Formative Forces in Cosmos. New York: Earth and Man, 1927.

[85]　WHICHER OLIVE. The Plant between Sun and Earth. London: Rudolf Steiner Press, 1952.

[86]　WHICHER OLIVE. Projective Geometry. London: Rudolf Steiner Press, 1971.

[87]　WHICHER OLIVE. Sunspace. London: Rudolf Steiner Press, 1989.

[88]　WIGNER EUGENE. "The Unreasonable Effectiveness of Mathematics in the Natural Sciences". Communications in Pure and Applied Mathematics, 1960, 13(1).

[89]　WILLIAMS ROBYN. Unintelligent Design. Sydney: Allen & Unwin, 2006.

[90]　WOLFRAM STEPHEN. A New Kind of Science. Champaign: Wolfram Media, 2002.

[91]　ZAJONC ARTHUR. Catching the Light. New York: Bantam, 1993.